Abenteuer
mit Haien und Menschen

HAILIGHTS

Für meine Enkel:
Lotte, Jonas und alle, die eventuell noch kommen.

„Die Meere sterben, und irgendwann werdet ihr mich einmal fragen, was ich gemacht habe, um die Katastrophe aufzuhalten. Dann möchte ich nicht stottern müssen, sondern sagen können, dass ich alles getan habe, was mir möglich war, und dazu noch ein bisschen mehr!"

IMPRESSUM:

Herausgeber: SHARKPROJECT International e.V.
www.sharkproject.org

ISBN 978-3-9816809-7-3

Lektorat und Korrektorat: Elke Becker und Ute Köhler
anfrage@roman-lektorat-korrektorat.com

Umschlaggestaltung und Grafik: Christine Staacks
christine@staacks.net
Umschlagfoto: Kampagnenmotiv – Y & R, Frankfurt
Layout und Satz: Christine Staacks
Printed in Czech Republik

INHALT

EIN NACHWORT ALS VORWORT

SHARKPROJECT ist eine der weltweit größten und aktivsten Haischutzorganisationen. Vor allem in den deutschsprachigen Ländern gibt es kaum einen Taucher, der SHARKPROJECT nicht kennt. Wir arbeiten auf der ganzen Welt mit vielen anderen Meeresschutzorganisationen zusammen und das alles ehrenamtlich, ohne Festangestellte, ohne Honorare oder Spesenersatz.

Kaum zu glauben, dass das so ist und wir das in nur fünfzehn Jahren geschafft haben. Am 02. August 2002 fand in Offenbach am Main die Gründungsversammlung statt, und im Januar 2003 traten wir mit einem Ministand auf der Messe BOOT in Düsseldorf das erste Mal an die Öffentlichkeit.

Wir, das waren die Gründer der Organisation. Acht Menschen, die etwas für den Haischutz tun wollten – zu einer Zeit, als das für die meisten Menschen noch ein Fremdwort war.

Dr. Andreas Keppeler
Marita Hüffer
Harald Bänsch
Jürg Brunnschweiler
Marcus Langer
Thomas Steinmetz (fehlt auf dem Bild)
Christel Wegner
Gerhard Wegner

Das Dilemma zwischen ehrenamtlicher Arbeit, Familie und normaler Arbeit hat seine Opfer gekostet. Übrig geblieben nach all den Jahren sind nur Andreas, meine Frau Chris und ich. Aber jeder der Ursprungsgründer hat seinen Anteil zu dem Erfolg von SHARKPROJECT beigetragen.

Mit den Jahren ist die Organisation gewaltig gewachsen. Es gibt drei Landesorganisationen – in Deutschland, Österreich und der Schweiz –, deren Teams heute als Motor fungieren und mit vielen neuen Ideen SHARKPROJECT verjüngen und voranbringen.

Als Gründer der Organisation kam mir die Idee, zum jetzigen Jubiläum einige Geschichten aus den letzten fünfzehn Jahren aufzuschreiben und damit auch zu zeigen, dass wir heute zwar vieles anders machen, aber immer noch das Gleiche wollen.
Darunter sind auch einige Geschichten, die für mich nicht ganz so schmeichelhaft sind, aber gerade deshalb deutlich machen, wie sich alles zusammengefunden hat.

Das ist die Grundlage von HAILIGHTS. Spannende, traurige, emotionale und selbstironische Geschichten aus fünfzehn Jahren SHARKPROJECT.

Ich wünsche Euch viel Spaß beim Lesen.

Gerhard Wegner

Auch Fotos können HAILIGHTS sein. Dieses Bild eines Zitronenhais, aufgenommen vor den Bahamas, ist so eins.
Es symbolisiert wie kein anderes für mich die Bedeutung der Haie im Ökosystem Meer.

MÄNNER UND IHRE HORMONE

| 01

Um die Gründung von SHARKPROJECT gibt es einige Legenden. Nach fünfzehn Jahren wird es deshalb Zeit für die Original-Geschichte, auch wenn sie nicht so romantisch ist, wie viele denken. Eher hormongeladen.

Es muss einmal gesagt werden: Obwohl Wissenschaftler anderer Meinung sind: Auch Männer haben ihre Wechseljahre. Und wer weiß das besser als ich, der es am eigenen Leib durchgemacht hat.

Es fing an, als ich so auf die Fünfzig zuging. Mein Leben bis dahin war 1-a. Ich war (und bin) glücklich verheiratet, hatte und habe zwei tolle Kinder, meine Agentur florierte. Also eigentlich rundum perfekt – nur ich wurde zunehmend depressiver.

„War das alles in meinem Leben? Müsste da nicht noch mehr kommen? Was habe ich schon Wichtiges für die Welt getan? Wer braucht schon diesen Werbesche…?"

Mit solchen Fragen beschäftigte ich mich mehr und mehr. Und parallel zweifelte ich zunehmend an dem, was ich Tag für Tag in meiner Werbeagentur tat. Wochenlange intensive Arbeit, um ein Produkt zu positionieren, den richtigen Slogan zu finden, die Packung kundengerecht zu gestalten, dabei immer den ungeduldigen und oft beratungsresistenten Kunden im Nacken – nur um danach festzustellen, dass sich mit etwas zeitlichem Abstand kein Mensch mehr dafür interessierte und ich mit all meinem Einsatz die Welt kein bisschen besser gemacht hatte.

Immer intensiver dachte ich über Alternativen zu meinem Beruf nach Und in meiner Freizeit beschäftigte ich mich zunehmend mit Biografien von Menschen, die ihr Leben in den Dienst der Allgemeinheit gestellt hatten. Menschen, die etwas getan hatten, was wirklich wichtig war. Zugegeben – das war Leiden auf höchstem Niveau. Aber zu meiner Entschuldigung darf ich sagen, dass ich selbst überhaupt nicht merkte, was mit mir los war. Ich wurde nur immer unglücklicher in meiner Arbeit. Für was braucht die Welt einen Marketingfachmann, um zu überleben? Dachte ich zu dieser Zeit, heute weiß ich es zwar besser, aber damals war ja nicht heute. :-)

Das ging so lange, bis mir eine Mitarbeiterin eines Tages heimlich einen Zeitungsausschnitt auf den Schreibtisch legte mit dem deutlichen Zaunpfostenhinweis: „Die Wechseljahre von Männern und ihre Leiden."

Zuerst ging mir die Hutschnur hoch, aber dann beim grummelnden Lesen entdeckte ich so viele Gemeinsamkeiten mit meiner aktuellen Situation, dass ich nicht mehr anders konnte, als es mir selbst zuzugestehen.

Mist, ich war da wirklich mittendrin! Alle Symptome stimmten!

Eine kleine Anekdote am Rande: Als ich meiner Frau abends von der kollegialen Gemeinheit erzählte, packte sie mir wortlos einige Bücher zum gleichen Thema auf den Tisch. Sie hatte sie heimlich für mich gekauft und zur Seite gelegt.

„Ich dachte, irgendwann merkst du es selbst", war ihr knapper Kommentar. Ihre ironisch gemeinte Ergänzung: „Und wenn du über eine andere Frau nachdenkst, springst du besser gleich jetzt aus dem Fenster", verschweige ich an dieser Stelle.

Aber von diesem bestimmten Wechseljahrsymptom war ich weit entfernt. Zumindest in dem Punkt unterschied ich mich von Bekannten meiner Altersklasse, die plötzlich eine junge Freundin hatten und begannen, wieder enge Jeans zu tragen. Da war ich in meiner Familie viel zu glücklich.

Aber andererseits hatte ich immer mehr das Gefühl, dass irgendwo eine Aufgabe auf mich wartete, die wichtiger war, als genug Geld zu verdienen, um unsere langjährige Hypothek abzubezahlen.

Wenn ich das jetzt so mit fünfzehn Jahren Abstand schreibe, klingt das bescheuert, pathetisch und naiv. Aber zu meiner Entschuldigung, es war nicht ich, sondern ausschließlich meine Hormone. :-) Und es ist nicht zu glauben, wie überzeugend diese kleinen Dinger sein können.

Als methodischer und kreativer Mensch begann ich natürlich umgehend mit einem Brainstorming: Was kann ich? Was würde mir Spaß machen? Wie viel Zeit kann ich dafür opfern, ohne gleichzeitig alles zu verlieren?

Das Ergebnis war ernüchternd. Ich konnte nur Marketing richtig gut, mein Hobby Tauchen eignete sich nicht unbedingt für eine Weltrettungsaktion, und gerade jetzt war meine Werbeagentur in einer Umbruchphase und brauchte meine volle Kraft.

Es war wieder meine Frau, die mich in ihrer herzerfrischend direkten Art auf die richtige Spur setzte.
„Wieso verbindest du nicht alles?", fragte sie, „Dein Herz schlägt doch sowieso für Haie und ich kenne kein Tier, das ein neues Image dringender brauchen würde."
Da hatte sie recht! Und wie sie recht hatte, merkte ich, als ich begann, mich intensiv mit dieser Idee zu befassen.
Es gab tatsächlich kein Tier auf der Welt, das ein schlechteres Image hatte. Da kamen keine Klapperschlangen und keine Riesenspinnen mit. Jeder, den ich kannte, hatte Angst vor Haien. Und ganz besonders die, die JAWS in den Kinos erlebt hatten. Und das waren wirklich viele. Ich selbst hatte zu dem Zeitpunkt schon hunderte Tauchgänge mit kleineren Haiarten hinter mir. Die meisten mehr oder weniger unfreiwillig, da es spezielle Haitauchgänge zu dieser Zeit kaum gab. Aber als begeisterter Unterwasserfilmer und -fotograf der ersten Stunde hatte ich diese seltenen Begegnungen natürlich auf Zelluloid festgehalten. Überall, wo ich diese Bilder zeigte, war ich der Held. Der Mann, der mit Haien tauchte. Wow!
Eitel, wie ich war, erzählte ich selbstverständlich nicht, dass an einer solchen Begegnung unter Wasser nichts Gefährliches war. Das mit dem Heldsein gefiel mir.
In Wirklichkeit wurde mir jedoch nach jeder Begegnung klarer, wie verkehrt das Bild der Haie war, das damals in Büchern und Filmen präsentiert wurde.
Und bei meinen Tauchreisen sah ich parallel, was wir Menschen mit Haien machten. Ob bei einem Touristenausflug in ein maledivisches Fischerdorf oder einem Besuch eines arabischen Fischmarkts – überall sah ich Berge von Haiflossen. Den letzten Ausschlag gaben dann abendfüllende Diskussionen mit dem weltberühmten Unterwasserfotografen Kurt Amsler, den ich zufällig bei einer Tauchexpedition auf den Azoren traf. Er öffnete mir die letzten Augenfältchen. Ich war mehr als betroffen, was wir Menschen mit Haien machten. Unvorstellbar grausam, ihnen bei lebendigem Leib die Flossen abzuschneiden. Und das alles unter Ausschluss der Öffentlichkeit! Hier musste etwas geschehen.
Und wer wäre dazu besser geeignet als jemand, der weiß, wie Kommunikation funktioniert.

Alles zusammen schien mir die Lösung meiner Hormonprobleme. Ich entschied mich, irgendwie neben meiner Arbeit auf irgendeine Weise Haie zu schützen. Aber mir war auch klar, dass dies nicht einfach werden würde. Eine Lobby für den Hai gab es damals nicht. Und die zu dieser Zeit existierenden Haischutzorganisationen führten ein exotisches Dasein im Schatten der Panda-, Wal- und Robbenschützer. Wenn Haischutz Erfolg haben sollte, musste also zunächst eine breite Lobby geschaffen werden. Und da niemand etwas schützt, vor dem er sich fürchtet – war die Hauptaufgabe, das Image der Haie zu ändern. Aus einem menschenfressenden Monster sollte ein ganz normales Raubtier werden.

Aber dazu musste ich zunächst mehr über Haie wissen. Also nahm ich mir vor, mit den damals bekanntesten Haiexperten zu sprechen, mit ihnen zu tauchen und zu diskutieren. Das war 2001. In diesem Jahr traf ich André Hartmann, damals der Haifachmann überhaupt, tauchte und diskutierte mit Andrew (Andy) F. Cobb und traf einige andere mehr oder weniger bekannte Haiexperten und Wissenschaftler.

Der Beginn einer bis heute andauernden Diskussion. André Hartman (l.) und Gerhard Wegner. Zur damaligen Zeit war André der bekannteste Sharkman der Welt. Es gab keine Fernsehsendung über Weiße Haie, die auf ihn verzichten konnte. André fühlte die Haie und verstand blind ihr Verhalten ohne jegliche wissenschaftliche Ausbildung. Sein Praxiswissen und sein scharfer Verstand waren und sind unverzichtbar für SHARKPROJECT.

Andy verdanke ich nicht nur unvergessliche erste Erfahrungen mit Haien, sondern auch viele Impulse für meine Arbeit, darunter auch vieles, mit dem wir bei SHARKPROJECT bis heute arbeiten. Ein Beispiel ist „Wenn die Haie sterben, stirbt das Meer!" Damals nur ein kampferischer Slogan, heute traurige Realität.

Insgesamt kam ich in achtzehn Monaten auf über fünfzig Haitauchgänge und lernte dabei unendlich viel über Haie. Ein damals sehr namhafter Experte fehlte mir jedoch noch: Dr. Erich Ritter, ein schweizer Haiforscher, der auf der Insel Walker`s Cay auf den Bahamas arbeitete. Er hielt dort Kurse auf der Basis von Gary Adkison. Ihn wollte ich noch treffen.

Dr. Erich Ritter war zu dieser Zeit omnipräsent im amerikanischen Fernsehen. Er vertrat die sehr umstrittene These, dass Haie für den Menschen nicht gefährlich wären und jeder mit ihnen tauchen könnte. Ich las einen kurzen Bericht über ihn, in dem er sinngemäß sagte, dass Haie sprechen könnten. Als Marketingmann sah ich darin sofort ein starkes Argument für die Entkriminalisierung der Haie. Ein Monster, dessen Verhalten und Sprache wir verstehen können, verliert sein Monstersein.

Das passte zu meinem Konzept einer neuen Haischutzorganisation wie die Faust aufs Auge. Ich entschloss mich deshalb, eine Tauchreise bei Dr. Erich Ritter zu buchen und dabei mit ihm und Gary Adkison über mein Konzept für den Haischutz zu diskutieren.

Was ich seinerzeit nicht ahnen konnte: Die dramatischen Geschehnisse auf Walker's Cay sollten zum Turbo der SHARKPROJECT-Gründung werden.
Nach einigen Tagen auf der kleinen Bahamas-Insel, angefüllt mit für mich damals spektakulären Hai-Tauchgängen und abendlichen Diskussionen, war eine Zwangspause angesagt. Ein amerikanischer Fernsehsender wollte in der Bucht einen Beitrag mit Dr. Erich Ritter drehen. Dafür sollte er brusttief im Wasser stehen, mitten unter vorher angefütterten Bullen-, Zitronen- und Schwarzspitzenhaien. Ich denke, die berühmte Szene, in der einer der Bullenhaie dabei ein tüchtiges Stück aus Ritters Wade beißt, ist hinreichend bekannt. Für uns, die wir vom Ufer aus zuschauten, war es ungleich dramatischer. Überall war Blut, Menschen schrien, aufgeregte Haie schossen blitzschnell durchs Wasser; und wenn Gary Adkison den schwer verletzten Ritter nicht – unter Missachtung des eigenen Lebens – aus dem Wasser gerettet und nicht zufällig ein Flugzeug startbereit auf der Insellandebahn gestanden hätte, wäre es mit Sicherheit um Ritter geschehen gewesen. So war er wenige Minuten nach dem Unfall schon auf dem Weg ins Hospital nach Miami. Wir – die Tauchtouristen und das Fernsehteam – blieben auf der Insel zurück und diskutierten erregt.

Was war passiert? Weshalb hatte der Bullenhai plötzlich zugebissen?

Klar waren wir uns alle darüber, dass irgendetwas der Auslöser dafür gewesen sein musste. Denn die Tage zuvor waren wir völlig unbehelligt an derselben Stelle geschnorchelt, mit mindestens der gleichen Anzahl Haie im Wasser.

Die Nachricht von der Haiattacke auf ausgerechnet den Wissenschaftler, der Haie öffentlich als harmlos bezeichnete, ging in Windeseile um die Welt und führte zu einer Vielzahl mehr oder weniger hämischer Kommentare. Der beteiligte Bullenhai wurde dabei in der Boulevardpresse sehr schnell zu einem Weißen Hai (Jaws lässt grüßen!).

All das generierte umgehend Nachfragen an die „Überlebenden des Massakers" – also uns Touristen, die wir dabei gewesen waren.

Das ist die Stelle, an der Ritter seine Wade verlor. Die Gründe für diesen Haiunfall sind tausendfach im Fernsehen erörtert worden. Aus heutiger Sicht war es reiner Leichtsinn und Respektlosigkeit den Tieren gegenüber.

Neben meiner Familie, die sofort besorgt anrief, meldeten sich auch die ersten Medien, die händeringend Augenzeugenberichte wollten. Ein Medienrummel ohnegleichen setzte ein, angeheizt von der weitverbreiteten Angst vor dem Hai.
Für mich als zukünftigen „Hai-Werber" war dieser bluttriefende Pressewirbel mehr als kontraproduktiv. Wie soll man das Menschenfresser-Image von Haien korrigieren, wenn ein solch blutiger Vorfall die Schlagzeilen beherrschte?

Zeit, zu reagieren! Mithilfe einer einheimischen Biermarke (siehe Kapitel 2) stellte ich an diesem Abend aus all meinen Notizen ein visuelles Marketingkonzept zusammen. Und sobald ich in Deutschland zurück war, rief ich Freunde und Haiinteressierte an, um mit mir einen Haischutzverein zu gründen. Einen Verein, der aufklärt – der dafür arbeitet, aus einem Monster ein normales Tier zu machen – und dann im zweiten Schritt versucht, diese Tiere zu schützen.
Das war die Geburt von SHARKPROJECT.

Eine Anekdote am Rande: Den Namen SHARKPROJECT wählte ich damals gezielt und recht naiv. Denn 2002 war ich noch der Meinung, es wäre nur ein zeitlich begrenztes Projekt. Was einmal daraus werden und wie sehr diese Organisation mein Leben verändern würde, das konnte ich zu der Zeit noch nicht ahnen. Sonst hätte es sein können, dass ich meine damaligen Hormonwallungen lieber mit Medikamenten bekämpft hätte. Aber so ist daraus ein kleines Stück Naturschutzgeschichte geworden.
Darüber handelt dieses Buch.

Ob ich alles noch einmal machen würde?

Sofort!

Die Basis von Gary Adkison auf der Bahamainsel Walker`s Cay bot damals spektakuläre Tauchgänge mit Haien. Als Köder nutzte Gary große Brocken zusammengefrorener Fischstücke. Sobald der Eisblock unter Wasser auseinanderbrach, war man jedoch gut beraten, sich etwas zurückzuziehen. Nach heutigem Wissen beinhalten Fütterungen mit offenem Futter, wie auf Walker`s Cay praktiziert, ein hohes Risiko.

Ein echtes HAILIGHT.
Bullenhai, Zitronenhai und Ammenhai gemeinsam auf einem Bild.
Das erlebte man damals nur auf Walker`s Cay, einer winzigen Insel der Bahamas. Diese Insel war die Geburtsstätte einer heute weltweiten Idee.

ANGST!
AUFKLÄRUNG!
KALIK
→ Abenteuer
→ Gesundheit/
→ Kinder
THE BEER OF THE BAHAMAS
Haie = Monster
KALIK
Aufklärung
2. Schutz
EER OF THE BAHAMAS
WALKER'S
cay

DAS DING MIT DEM BIERDECKEL

| 02

Mein Schreibtisch bzw. die Papierberge darauf sind reines Chaos – behauptet zumindest meine Frau. Ich bin da naturgemäß völlig anderer Meinung. Ich finde alles, und auf jeden Fall finde ich immer und auf den ersten Griff einen bunten Bierdeckel der bahamaischen Biermarke KALIK. Er war die Grundlage für die SHARKPROJECT-Idee und hat deshalb einen Ehrenplatz auf meinem Schreibtisch. Auf Vorder- und Rückseite habe ich damals auf Walker's Cay in wenigen Worten meine Idee einer neuen Haischutzorganisation zusammengefasst.
Zugegeben, das ist lange her – aber noch immer arbeiten wir nach diesem Bierdeckel-Konzept. Grund genug, um daraus ein eigenes HAILICHT zu machen.

Den dramatischen Abend nach Ritters Wadenverlust habe ich schon im ersten Kapitel angedeutet. Wir „Überlebenden" saßen am Feuer, diskutierten emotional und tranken Bier. Einig waren wir uns darin, dass wir etwas tun mussten, um den zu erwartenden Imageschaden für die Haie abzuwehren. Das Kamerateam von Discovery versprach, die Filmaufnahmen des Unfalls nicht für ein blutrünstiges Haidrama zu verwenden (Hahahaha ...). Wir anderen beschlossen sogar, unsere Aufnahmen von dem Unfall zu vernichten, um zu verhindern, dass die später unkommentiert durch die Öffentlichkeit tourten. Genau genommen war ich Naivling im Grunde der Einzige, der seine Aufnahmen vernichtete, aber das sollte ich erst Jahre später bemerken. Die Diskussionsrunde bestand aus Menschen aus der ganzen Welt, und die Diskussion lief auf Englisch. Im Rahmen dieser Gespräche versuchte ich, meine Idee zu erläutern, wie Haie langfristig geschützt werden könnten und welche Schritte dazu notwendig wären.

Hier wird es mal wieder Zeit für ein Geständnis. Ich bin das, was man etwas hämisch als eingeschränktes Multitalent bezeichnen würde. D.h. ich bin breit talentiert, kann recht gut erzählen, recht gut zuhören, recht gut schreiben, recht gut zeichnen, bin ein sehr logischer Denker, kann singen und Gitarre spielen, kann organisieren und begeistern, und bin zumindest in meiner Selbstreflexion recht intelligent.

Nur in einem Bereich fehlt mir jegliches Talent, nämlich bei Fremdsprachen – insbesondere Englisch! Und das seit meiner Schulzeit!
Um das zu präzisieren: Ich verstehe alles, kann mich überall verständigen, aber bei komplizierten Fachdiskussionen tue ich mich schwer. Dazu kommt, dass ich es als ausgesprochener Perfektionist sowieso hasse, wenn mir Vokabeln fehlen oder ich sie nicht richtig aussprechen kann. Lieber schweige ich bedeutungsvoll.
Ziemlicher Mist, wenn man Präsident einer internationalen Haischutzorganisation ist oder als Agenturinhaber mit internationalen Kunden verhandeln muss.
Deshalb glaubt mir, ich habe in meinem Leben alles getan, um dieses Manko zu beseitigen. Aber es geht nicht! Ich habe für Fremdsprachen einfach kein Gefühl. Da half und helfen auch kein jahrelanges Einzeltraining und auch nicht die besten Vorsätze.
Meine einzige Chance: Ich bin einigermaßen schlau und mache das Beste aus dem Wenigen, was ich kann. Wie ich mir helfe und was dabei so alles passieren kann, darüber wird in einigen anderen HAILIGHT-Geschichten noch zu berichten sein.
Doch jetzt zurück zu dem besagten Abend auf Walker`s Cay: Ich wollte den anderen meine Idee erklären, aber mir fehlten, wie so oft, die richtigen englischen Begriffe. Also nahm ich einen Werbekuli und einen Werbe-Bierdeckel (wie passend :-)) und skizzierte meine Ideen mit einfachen Worten auf der Vorder- und Rückseite. Mehr Platz hatte ich nicht und mehr Platz brauchte es auch nicht.
Am Anfang stand die Grunderkenntnis, dass die meisten Menschen Haie als Monster sehen.

Dann die logische Folgerung, dass niemand etwas schützt, vor dem er sich fürchtet.

Die Lösung: Wenn wir also Haie schützen wollen, müssen wir zunächst bei der Angst vor dem Hai beginnen und breit aufklären. Erst, wenn wir aus einem Monster ein ganz normales Tier gemacht haben, können wir überhaupt anfangen, Haie zu schützen. D.h. unsere vordringlichste Aufgabe als Haischützer ist die Entkriminalisierung des Hais.

Dieses Foto zeigt deutlich, wie insbesondere Weiße Haie von der Öffentlichkeit wahrgenommen werden: als riesiges, blutrünstiges Monster, das Menschen jagt.

Dafür müssen wir aufklären und tiefverwurzelte Vorurteile widerlegen. Logisch, oder?
Nur, wie können wir aufklären, wenn eine massive Mauer aus Angst genau das verhindert? Ich meine damit die Angst vor dem Hai. Die Angst zu überwinden, diese Mauer zu durchbrechen, ist eine anspruchsvolle Aufgabe. Aber es gibt für alles eine Lösung. Die Werkzeuge dazu habe ich auf der zweiten Seite des Bierdeckels aufgeführt.

Heute weiß ich: Die moderne Angstforschung sagt, dass logische Argumente bei der Bewältigung der Angst nicht helfen. Hier verweigert unser Hirn einfach die Aufnahme der Informationen. Also braucht es Emotionen, etwas, was uns im Innersten berührt. Nur so öffnen wir eine Tür ins Unterbewusstsein.
Das wusste ich zwar damals so noch nicht, aber auch nach den Gesetzen der Werbung sind Emotionen die stärkste Kraft. Und die waren auch meine Werkzeuge

1. Angstzination. Gemeint ist damit der Mix aus Angst und Faszination, den die meisten Menschen gegenüber Haien empfinden.
   So kommen zum Beispiel deutlich mehr Menschen zu Vorträgen über Haie, als wenn wir über Schwertfische oder Makrelen referieren würden.

Haie faszinieren eben, obwohl oder gerade, weil wir Angst vor ihnen haben. Diese Erkenntnis gilt jedoch nur für Haie. Bei anderen Angstträgern, wie z.B. Klapperschlangen oder Giftmedusen funktioniert das nicht. Das macht „Angstzination" zu einem der stärksten Werkzeuge für den Haischutz.

2. Mitleid. Eine der intensivsten und positivsten menschlichen Eigenschaften. Eines der Werkzeuge, um Mitleid mit Haien zu erzeugen, sind z.B. Fotos oder Filme über Finning, d.h. das Abschneiden ihrer Flossen bei lebendigem Leib. Da tut uns das Tier leid, auch wenn es eigentlich in unserem Kopf ein Monster ist.

3. Abenteuer. Im Grunde unserer Seele sind wir alle kleine Abenteurer. Wir würden gerne ein wenig wie Indiana Jones sein und außergewöhnliche und spannende Abenteuer erleben.
Übersetzt auf unsere Angstmauer heißt das: Lasst uns über Abenteuer mit Haien erzählen, dann bricht die Mauer ein Stück weit auf.

4. Gesundheit. Ein wichtiges Gut für alle Menschen. Wenn wir zeigen, dass die Ausrottung der Haie unsere eigene Gesundheit bzw. unser Überleben bedroht, haben wir Aufmerksamkeit.

5. Sensation. Nichts geht schneller um die Welt, als der Bericht über eine Haiattacke, selbst wenn sie an der unbekannten Küste von Taka Tuka Land stattfindet. Im Umkehrschluss heißt das: mit Haiunfällen können wir Menschen interessieren und ihren Kopf so weit öffnen, dass auch andere Informationen hineinpassen.

6. Kinder. Eines muss auch dem ausgeprägtesten Optimisten klar sein: Wir Erwachsenen können die Ausrottung der Haie kaum noch stoppen. Dazu sind wir schon zu eingefahren und bequem in unserer Denke. Kinder sind da anders. Sie sind noch unbefangen und frei im Denken. Dazu kommt, dass sie uns Erwachsene in dieser Hinsicht beeinflussen können.

Wir wollen die Zukunft unserer Kinder und Enkel schützen, und wenn zur Rettung ihrer Welt gehört, Haie zu retten, dann machen wir das eben aus diesem Grund.
Also gleich zwei Werkzeuge, die wir benutzen können.

Sorry, wenn ich Euch hier so ungeschminkt mit den Abgründen der Werbung konfrontiere. Aber genau so ticken wir Menschen, und genau so werden wir alle manipuliert.
In unserem Fall steht jedoch eine gute Absicht dahinter. Wir wollen nämlich die Köpfe ein Stückchen weit öffnen, damit wir die Chance haben, aufzuklären und Vorurteile zu beseitigen. Und danach, im zweiten Schritt, Haie zu schützen.

Mit diesem Konzept – in für mich einfach ins Englische zu übersetzenden Worten und Begriffen – erklärte ich also an dem besagten Abend auf Walker's Cay zum ersten Mal meine gesammelten Erkenntnisse aus den Vorgesprächen und Diskussionen mit vielen Haiexperten aus der ganzen Welt.

Und irgendwie war es auf den Punkt. Denn heute – fünfzehn Jahre später – arbeiten wir immer noch nach diesem Bierdeckel-Konzept. Frei nach dem alten Sprichwort: Wenn eine Idee nicht auf einen Bierdeckel passt, ist sie nicht gut!

Eines meiner persönlichen
Foto-HAILIGHTS.
Ein Siebenkiemer, aufgenommen
in einem Kelpwald in der Nähe
von Simons Town, Südafrika.
Südafrika hat eine einzigartige
Bedeutung für SHARKPROJECT.
Hier fing mit Andy Cobb und
André Hartman alles an.
Gleichzeitig bildete Südafrika
die Bühne für viele einzigartige
Erlebnisse und Begegnungen.

Jeder Sack war das Grab von geschätzten 30 Haien. Darunter fanden wir auch die Flossen von Großen Weißen Haien, deren Fang in Südafrika schon damals unter Strafe stand.

DER FRIEDHOF DER HAIE

| 03

Es gibt Sachen, die vergisst man niemals im Leben. Eine davon erlebte ich in Südafrika. Wir hatten damals guten Kontakt zum MCM, dem Marine & Coastal Managment, einer Abteilung des südafrikanischen Umweltministeriums. Mit einem dieser Mitarbeiter waren wir im Fischereihafen von Kapstadt unterwegs. Haifang und Finning war nicht verboten. Die Schiffe mussten dazu nur eine gültige Lizenz für die südafrikanischen Gewässer haben. So konnte man im Fischereihafen von Kapstadt Haifangboote aus aller Herren Länder sehen, die ihre Liegezeit nutzten, um ihre Ladung aus Haiflossen in der heißen südafrikanischen Sonne zu trocknen. Auf Leinen, die sich wie ein Spinnennetz über die Boote spannten, hingen Hunderte von Haiflossen. Dutzende von Longlinern ankerten im Hafen. Alle zusammen ein gigantischer Friedhof für Haie.

Der Mitarbeiter des MCM, der unsere Betroffenheit spürte, vertraute uns an, dass seine Behörde in dieser Woche eine riesige Ladung Flossen beschlagnahmt hatte, weil das Boot ohne eine gültige Lizenz gefischt hatte.
Das wollten wir dokumentieren. Und damit kommen wir zum Anfangssatz dieser Geschichte: Es gibt Dinge im Leben, die vergisst man niemals wieder!
Bei der beschlagnahmten Ladung ging es um viel Geld. Die Flossen hatten einen Marktwert von etwa 250.000 Dollar. Gelagert wurden sie deshalb in einem speziell gesicherten Lagerhaus außerhalb von Kapstadt. Es dauerte einen Tag und die Einforderung vieler Gefälligkeiten bis wir vom MCM die Genehmigung für den Besuch und die Fotoerlaubnis bekamen. Dann machten wir uns auf den Weg.
Die erste Hürde war eine Sicherheitsschleuse, bewacht von mit Maschinengewehren bewaffneten Polizisten. Die zweite Hürde war der Geruch. Ich weiß nicht, wie ich ihn beschreiben soll. Für mich roch es nach Verwesung, tranig, unangenehm und nach Tod. Durch diesen Gestank, der wie ein Leichentuch über der Halle lag, kämpften wir uns nach vorne. Vorbei an endlosen Paletten und Gefrierschränken voll mit beschlagnahmten Meeresgütern.

Das bewachte und stark gesicherte Lagerhaus des MCM, in dem damals beschlagnahmte Meeresfrüchte und Haiflossen im Wert von Hundertausenden von Dollars lagerten.

Eine der vielen Seitenräume, in denen die blauen Flossensäcke gelagert waren. Den speziellen Geruch von getrockneten Flossen vergesse ich niemals.

Das waren vor allem Abalonemuscheln, aber auch viele andere geschützte Arten, die Wilderern in zum Teil blutigen Kämpfen abgenommen wurden. Das erzählte uns der Polizist, der uns immer weiter in diesen gewaltigen Meeresfriedhof hineinführte.

Mein Magen rebellierte inzwischen gegen den Geruch. Meinem Begleiter ging es nicht anders. Und wir hatten die beschlagnahmten Haiflossen noch nicht einmal erreicht.

Dann stoppte unser Führer und wies mit einer weit ausholenden Handbewegung auf eine riesige Anzahl blauer Säcke, die sich vor uns zu einem Leichenberg stapelten. Voll mit stinkenden, getrockneten Haiflossen. Fünfundzwanzig Tonnen Haiflossen von geschätzten sechstausend Tieren.

Mir stockte der Atem, als ich mir vorstellte, wie viel Leid hier in dieser stinkenden Halle versammelt war. Sechstausend Haie wurden von einem Augenblick zum anderen brutal aus ihrer Welt gerissen und dann trennten ihnen Menschen in einer unglaublichen Brutalität die Flossen ab, bevor sie ihren jetzt bewegungsunfähigen Körper wieder ins Meer traten.

Während ich einige der Flossen aus ihrem Plastikgrab nahm, um die Art zu erkennen, rannen mir die Tränen aus den Augen.
Wir fanden Flossen fast aller Hochseearten, darunter auch Flossen von Weißen Haien, deren Fang in Südafrika schon damals verboten war.
Der Wärter nahm die Weißhaiflossen und legte sie zur Vernichtung auf die Seite. Der Rest der Flossen sollte am nächsten Morgen abgeholt werden. Die beschlagnahmte Ware wurde vom MCM auf dem Fischmarkt verkauft, um die Kosten der Behörde zu decken.
Ich werde die Halle in Kapstadt niemals vergessen. Ich war traurig, ich war wütend und ich nahm mir vor, dass ich alles in meiner Macht stehende tun würde, um diesen brutalen Mord an den Haien in der Zukunft zu verhindern.
Unsere erste Kampagne STOP FINNING ist eine direkte Folge dieses Besuches.
Jahre später stand ich wieder in einer Halle, dieses Mal in Costa Rica. Darin die Flossen von geschätzt 70.000 Haien, der mehr als zehnfachen Menge zu der damals in Kapstadt. Meine Trauer und meine Wut wuchsen proportional.
Ich bin sicher, dass ich ohne diese Wut nicht durchgehalten hätte. Die Widerstände, die Drohungen, die Probleme waren ungeheuer. Es ging und geht für die Flossenmafia um viel Geld.
Heute wieder einige Jahre später, zeigen die Kampagnen von uns und anderen Organisationen endlich Wirkung. Der Flossenumsatz geht weltweit zurück. Rund um die Welt bekommt die Flossenmafia Druck. Absätze sinken, der Handel und der Fang werden in immer mehr Ländern gebannt. Die Menschen haben begriffen, welche Brutalität hier begangen wird und wie sehr sich mit der Ausrottung der Haie selbst schaden.
Doch bei allen Teilerfolgen ist es noch immer ein weiter Weg bis zum Ende des Finnings.
Wir werden ihn mitgehen bis zum Ende. Versprochen! Das habe ich mir damals in der schäbigen, stinkenden Lagerhalle geschworen.

Kurz vor einem HAILIGHT im wahrsten Sinne des Wortes. Dieses Bild entstand kurz bevor ich das erste Mal, unter Anleitung meines Freundes André Hartman, einen Hai berührte.

HAPPY-HALF-AN-HOUR

| 04

Um die Jahrtausendwende herum war Gansbaai, ein kleines verschlafenes Fischernest zwischen Kapstadt und Cape Agulas, der weltweit wichtigste Hai-Hotspot für Wissenschaftler, Filmteams und alle, die Weiße Haie einmal hautnah erleben wollten. Die Gründe dafür waren zum einen die vielen Weißen Haie, die sich dort zwischen der Vogelinsel Dyer Island und der Robbeninsel Geyser Rock tummelten. Aber vor allem war es André „THE SHARKMAN„ Hartman, der in Gansbaai sein Haiboot hatte. Es gab so gut wie keine Hai-Doku im Fernsehen, in der der SHARKMAN und seine Haie nicht mitspielten. André war deshalb einer der Ersten, die ich auf meiner Expertentour besuchte. Aus der Bekanntschaft wurde schnell eine Freundschaft; und noch bevor SHARKPROJECT gegründet wurde, war ich Stammgast.

Was war das noch für eine Zeit, als wir mit Andrés erstem Boot, der PEANUT (Das Boot hieß nicht nur so, es war auch genauso klein!), hinausgefahren sind und erst am späten Nachmittag wieder zurückkamen. Mit schwankendem Gang von dem langen Tag auf See ging es danach zuerst ins Buitesteen, einem legendären Treffpunkt für die Fischer und Haileute von Gansbaai. Ich habe dort unvergessliche Abende mit André und anderen Haileuten erlebt und in langen Gesprächen mehr über Haie erfahren, als ich es mir jemals hätte vorstellen können. Die testosterongeschwängerte Atmosphäre im Buitesteen in Kombination mit den Attacken auf meine Leber bleiben unvergesslich, und ich möchte deshalb dieser Zeit gerne eine HAILIGHT-Geschichte widmen. Nur eine – die vielen anderen Geschichten gerne unter vier Augen. :-)

Es war ein langer Tag auf See gewesen. Aber auch unglaublich spannend und ereignisreich. Heute hatte mir André demonstriert, wie er einen Großen Weißen Hai an der Schnauze berührt und damit das Tier regelrecht paralysiert. Er wollte dann unbedingt, dass ich das auch einmal probieren sollte. Er hat einiges Zureden und Anködern gebraucht, x-mal zog ich in letzter Minute meine Hand zurück. Nicht weil ich an André zweifelte, aber ich hatte mich in den letzten Jahren an meine Hand gewöhnt und war mir nicht sicher, ob der Hai diese Eigentumsverhältnisse auch wirklich akzeptieren würde.
Aber André schaffte es schließlich, mich zu überzeugen, bzw. war es sein leicht verächtlicher Blick, der mich nach dem x-ten Fehlversuch streifte. Da bin ich empfindlich! Ähnlich wie Marty aus „Zurück in die Zukunft", der bei den Worten „Feige Sau" („Chicken" im Original) immer alle Vorsicht fallen lässt.
Einige der verrücktesten Dinge in meinem Leben habe ich getan, weil ich kein „Chicken" sein wollte. Ein völlig falsches Verhalten – ich weiß – aber so ist es nun mal. Einige der Geschichten in diesem Buch handeln darüber.

Mutprobe für echte Männer und verdammt viel Grund für eine Happy-half-an-hour im BUITESTEEN.

Zurück zum großen HHA (Haihandauflegen). Es war ein riesiger Hai, der größte, den ich jemals aus einer solchen Position, dicht über dem Wasser, gesehen habe. André meinte zwar später, der Hai wäre recht klein gewesen. Aber ich vertraue lieber meiner eigenen Wahrnehmung, und da war der Hai riesengroß. Als ich seine Haut berührte (kalt, mit prallen Muskeln) durchfuhr den Hai und mich ein kleiner Elektroschock. Er stoppte, hob seine Schnauze aus dem Wasser (mit meiner Hand darauf), öffnete sein Maul (HOLD ON, GERHARD!) und starrte mir dann tief in die Augen. Es waren nur wenige Sekunden, aber für mich war es Adrenalin pur. Ich versuchte es danach noch einige Male, aber die anderen Haie versagten sich meiner Handauflegekunst. Bei André dagegen standen sie regelrecht Schlange.
Im Gegensatz zu mir wusste er auch, was er da machte. Er hatte es schließlich als Erster herausgefunden, als er einen durch den Köder

sehr aufdringlich gewordenen Hai vom Motor wegschob. André wollte verhindern, dass sich das Tier verletzte, und erlebte sein blaues Wunder, als der Hai wie paralysiert im Wasser stehen blieb. Danach perfektionierte André diesen Kunstgriff und ich glaube, es gibt keinen Haifilm aus dieser Zeit, der das nicht zeigt.

Nun hatte ich es auch probieren dürfen, und meine Schultern waren damit ein tüchtiges Stück breiter geworden. Ich gehörte jetzt dazu.

Vielleicht sollte ich an dieser Stelle erwähnen, dass sich dieser Vorfall deutlich vor der SHARKPROJECT-Gründung ereignete. Heute – ein ganzes Stück schlauer – würde ich wahrscheinlich anders darüber denken, doch damals fühlte ich mich als ganzer Mann. Entsprechend breitbeinig betrat ich am Abend das Buitesteen.

Was waren das noch für Zeiten, als die Boote in Gansbaai noch kleiner waren als die Haie. Und André hatte das kleinste von allen.

Rechtzeitig – vor 18 Uhr.

Das war wichtig, denn pünktlich um diese Zeit begann die legendäre Happy-half-an-hour. Legendär, weil sich wohl niemand vorstellen kann, in welcher Geschwindigkeit Shots – d.h. Alkoholika in konzentrierter Form, damals im Buitesteen bezahlt, eingegossen und abgekippt werden konnten. Genau dreißig Minuten lang – deshalb „Happy-half-an-hour". Gekostet hat jeder Shot 5 Rand (damals rund 50 Pfennige). Die Kunden waren Fischer und Haileute, wetter- und windgegerbt, hatten einen langen Arbeitstag hinter sich und waren ungemein durstig.

Als ich hereinkam, musste ich erst einmal die Geräuschkulisse verarbeiten. Dann sah ich André auch schon von der Bar aus winken. Mit seinen gut zwei Metern Körpergröße ragte er deutlich sichtbar aus der Menge heraus. Hinter ihm drängten sich die anderen Gäste in dichten Reihen. Freundlicherweise hatte er mir einen Platz an der Theke freigehalten, und ich zwängte mich zu ihm durch. Happy-half-an-hour-erfahren hatte ich meine Hosentaschen mit passenden 5-Rand-Münzen vollgestopft. Vor André lag sein alter Beutel aus Kapkobra-Leder, ebenfalls prall gefüllt. Es konnte losgehen.

Pünktlich eine Minute vor 18 Uhr begannen die Mädchen hinter der Bar mit den Vorbereitungen.

Die Innen-einrichtung war genauso spektakulär wie die Gäste und die donnerstägliche Happy-half-an-hour.

Endpunkt fast aller Haifahrten und Startpunkt endloser Diskussionen.

Hastig füllten sie reihenweise vorbereitete Gläser mit hoch konzentriertem Alkohol. Whiskey, Weinbrand, Gin, klare Schnäpse – das ganze Spektrum, das südafrikanische Destillen und wahrscheinlich einige Schwarzbrenner für solche Gelegenheiten produzierten. Dazwischen auch ein paar einheimische Bierflaschen für die „Chicken" unter den Gästen und speziell für André eine abenteuerliche Mischung aus Weinbrand und Milch für seinen in letzter Zeit sensiblen Magen.

Dann pünktlich um 18 Uhr ging's los. Eine Glocke wurde geschlagen und der Wahnsinn begann. In rekordverdächtiger Geschwindigkeit wechselten die Münzen den Besitzer und wurden mit der anderen Hand gegen die Shots eingetauscht. Im schnellem Takt wurde bezahlt, abgekippt, bezahlt, abgekippt, und so weiter, und so weiter … bis die anfangs erwähnte Glocke das Ende der Happy-half-an-hour ansagte.

Schluss und Ende?

Weit gefehlt!

Denn jetzt begann die Zeit danach. Ab da wurde deutlich langsamer, aber dafür umso begeisterter getrunken. Denn nun legten die Barmädchen los. Die meisten hatten mit den Gästen tüchtig mitgehalten, und die Gelenkigsten unten ihnen wuchteten sich nun auf die Bar.

Zu dröhnenden ABBA-Hits stampften sie über den Tresen. Sorry – ich meine natürlich: Mit anmutigen Tanzschritten unterhielten sie die anspruchsvollen Gäste des Buitesteen. Was nicht zuletzt dank des bisherigen Alkoholverzehrs der Anwesenden zu frenetischem Beifall führte.

Ich hielt mich während dieser Zeit neben André an der Bar fest und versuchte, mein Bier (Chicken!) vor den vorbeistampfenden Füßen zu beschützen.

Ansonsten amüsierte ich mich königlich. Gestört wurde ich dabei jedoch von meinem Tresennachbarn zur Rechten. Ziemlich zugedröhnt, tippte er mir immer wieder auf die Schulter, und wenn ich mich umdrehte, brüllte er mir etwas ins Ohr, das ich nicht verstand. Er grinste dabei von einem Ohr zum anderen. Es konnte also nur was Nettes sein. Also freundlich lachen, einen Shot für ihn und ein Bier für mich bestellen und mich wieder zu André drehen. Zumindest so lange, bis er mir wieder auf die Schulter tippte.

Dann machte die Musik eine kleine Pause. (Ich bin mir nicht mehr sicher, aber ich glaube, die Barmädchen hatten den CD-Player vom Tisch gestampft.)

„Gerhard, für einen Deutschen bist du ein echt netter Kerl", hörte ich in dieser kurzen Pause meinen schultertippenden Nachbarn sagen. Dann setzte er noch hinzu: „Falls du mal ein Problem hast, melde dich einfach!" Danach holte er Luft und rülpste so laut, dass selbst die Barmädchen erschraken.

Natürlich war die Kommunikation bedingt durch seinen Zustand etwas undeutlich, aber der Sinn kam rüber und er meinte es ja gut. Also noch einen Shot für ihn und ein Bier für mich.

„Wer ist das eigentlich?", fragte ich André, nachdem ich mich wieder zu ihm umgedreht hatte.

Bei seiner Antwort verschluckte ich mich.

„Das ist unser Polizeichef", sagte André und zwinkerte mir zu. „Halte dich gut mit ihm. Er wird uns nachher nach Hause fahren!"

Die erwähnte PEANUTS von André war ein Notbehelf für wenige wackelresistente Matrosen. Andrés legendäre SWALLOW, Star unzähliger Dokumentationen, war schon ein Stückchen größer. Aber kein Vergleich zu den Haibooten der neuen Generation, die heute vierzig und mehr Touristen zu den Weißen Haien vor Gansbaai bringen.

Dann begann wieder die Musik.
Ich kann mir vorstellen, wie einige weibliche Leser jetzt den Kopf schütteln, wogegen die Männer gerne noch mehr BUITESTEEN-Geschichten hören wollen.
Ja – zugegeben – so etwas als HAILIGHT zu bezeichnen, ist vielleicht nicht jedermanns Ding. Aber das gehörte damals halt einfach dazu, und es gibt sogar noch viel heftigere Stories, die ich aber aus Rücksicht auf noch lebende Einwohner des Schwabenlandes tunlichst verschweige.
Nach einem Tag auf See freuten wir uns eben auf einen Abend im Buitesteen. Und das erste Bier zischte immer wie eine Rakete.
Heute gibt es das leider nicht mehr. Gansbaai hat sich verändert, die Arbeit für den Haischutz hat sich verlagert, das Lokal ist nicht mehr und auch André und ich sind ein paar Jahre älter und ruhiger geworden.
Aber die frühe Zeit in Gansbaai, der heimlichen Hauptstadt der Weißen Haie, hat mich geprägt. Ich war x-mal da, gehörte schon fast dazu. Hier habe ich meinen ersten Freitauchgang mit Weißen Haien gewagt, habe Filme gedreht, unvergessliche Tauchgänge gemacht, unglaubliche Abenteuer mit unserem U-Boot erlebt, viele enge Freunde gewonnen, und letztendlich sind die Weißen Haie von Gansbaai auch für meine Afrika-Begeisterung verantwortlich. Ohne die notwendigen Reisen nach Gansbaai hätte ich vielleicht nie eine Landsafari unternommen und die Faszination Afrikas gespürt.

Und das, glaubt mir, wäre für mich heute genauso schrecklich, wie wenn ich niemals eine legendäre Happy-half-an-hour im BUITESTEEN erlebt hätte.

Neben den Erlebnissen mit Haien waren es vor allem auch die unzähligen Tierbegegnungen an Land, die mich zu einem bekennenden Afrika-Fan machen.
Einige der unvergesslichen Momente, die wir auf unseren Safaris sehen und erleben durften.
I love Africa! – unter und über Wasser.

Ein HAILIGHT für die Seele. Einmal einen Großen Weißen Hai unter Wasser zu erleben. Einmal, wenn auch nur für wenige Sekunden, im Mittelpunkt seiner Aufmerksamkeit zu stehen, das berührt einem bis ins Innerste.

photocredit © Klaus Jost
– www.jostimages.com
Die berühmte Shark Alley, die Jagd-Strecke der Großen Weißen Haie Südafrikas, liegt zwischen der größeren Vogelinsel Dyer Island (oben) und der Robbenkolonie auf Geyser Rock. Hier gut erkennbar an der braunen Wimmel-Oberfläche.

ANDRÉ UND DAS KELP

| 05

Im Lauf der Zeit wird man immer schlauer, man lernt dazu, denkt in vielem anders und schüttelt den Kopf über Dinge, über die man früher nicht nachgedacht hat. Da geht es mir wie allen. Es gibt genügend Sachen in meinem Leben, die ich heute anders machen würde. Dazu zählen auch einige Ereignisse, bei denen ich mich vertrauensselig und blind auf Expertisen verlassen habe. Riesen-Fehler!!
Guter Tipp an dieser Stelle: Auch wenn du jemandem blind vertraust, hole dir immer mehrere Expertisen, wenn dich dieser Jemand ins Feuer schicken will.
Dazu passt diese Geschichte wie die Faust aufs Auge.

Dazu noch mal zurück nach Gansbaai. Genauer in den berühmten Shark Channel vor Gyser Rock. Dort patrouillieren die Haie auf der ewigen Suche nach leichtsinnigen Robben und da drehten wir damals einen Dokumentarfilm. Schuld an dem, was wir erleben sollten, war mein alter Freund André Hartman, dem ich eigentlich beim Haitauchen mehr vertraue als sonst jemand auf der Welt. Aber zurück zum Thema. Wie gesagt, wir drehten damals einen Dokumentarfilm und dazu gehörten einige Zwischenschnitte. Also so verrückte Sachen, wie Springen ins Wasser – endlos wiederholt in verschiedenen Positionen, heraussteigen nach einem Tauchgang – mit und ohne Text, auftauchen und aufgeregt mit den Armen winken und so weiter und so weiter. Im Shark Channel selbst war es uns naturgemäß zu gefährlich, deshalb verlagerten wir den Dreh mitten in ein ausgedehntes Kelpfeld, am Anfang des Shark Channels. Andrés Expertise dazu war eindeutig: Weiße Haie gehen niemals ins Kelp! Seine Erklärung klang logisch, weshalb wir beruhigt dorthin fuhren. Auf schmalen Kanälen schlängelte sich unser Boot mitten in den Kelpwald. Zwischen den Pflanzenstängeln gab es ab und zu große, freie Flächen, ideal geeignet, um ungestört die geplanten Aufnahmen zu machen. Auf einer solchen „Lichtung" angelangt, machten wir uns fertig. Auf Kommando ging`s mit viel Geplatsche rein ins Wasser, raus aus dem Wasser und was der Regisseur sonst noch so alles von uns verlangte.

Haie mögen kein Kelp! Das stimmt sicherlich, wie neueste Forschungen zeigen (Shark Barrier), aber es gibt auch Lichtungen im Kelpwald und, wie wir jetzt wissen, unzählige schwimmbare Pfade durch das Kelp.

Immer wieder und immer wieder ein klein wenig anders.

Doch am Nachmittag mussten wir abbrechen. Schnell abbrechen. Schuld war ich. Denn als ich gerade wieder ins Wasser springen wollte, sah ich plötzlich einen großen Schatten unter unserem Boot. Einen ziemlich großen Schatten. Es handelte sich um einen Großen Weißen Hai, der offensichtlich keine Ahnung davon hatte, dass er und seine Artgenossen niemals im Kelp schwimmen.

Und Mist – da kam noch einer. Ein etwas kleineres Exemplar, aber dafür deutlich schneller unterwegs. Emsig umrundeten die beiden Haie unser Boot, so als ob sie sagen wollten: Spring doch endlich!

Als ich André strafend ansah, zuckte er nur lakonisch mit den Schultern. „Manches Mal machen sie das", sagte er beruhigend und begann, den Anker einzuholen.

Danke für diesen Lernpunkt, André!

Abends im Buitesteen erzählte er dann noch die Geschichte von Francois und Jacques, seinen beiden Söhnen. Als sie noch jünger waren, begleiteten sie ihren Vater gerne auf seinen Touristenfahrten nach Dyers Island. Ihre Schnorchelausrüstung und Harpune immer dabei, denn auf der halben Strecke erstreckt sich ein grosser Kelpwald mit dicken Fischen als leckeren Bewohnern. Im Wald gibt es hochaufragende Felsen, die bei Ebbe kleine Inseln bilden, ideal für Ruhepausen zwischen den Schnorchelgängen. Am Nachmittag, rechtzeitig bevor die Flut kam, nahm André dann seine Söhne mitsamt den gespeerten Fischen wieder auf. Abendessen preiswert organisiert. Doch nicht an diesem Tag. Denn vor der geplanten Rückfahrt gab es ernsthafte Probleme mit einem festsitzenden Anker.

Auf einer solchen Lichtung drehten wir die fehlenden Zwischenschnitte, sprangen ins Wasser, schwammen auf Surfbrettern und filmten alles von unten. In aller Ruhe, denn Haie kommen ja nicht ins Kelp.

Pascal und Dominique bei ihrer Leidenschaft, dem Speerfischen. Auf Rat ihres Vaters jagten sie nur im Kelp, da dort ja bekanntermaßen keine Haie hinkommen. Nun ja, das stimmt nicht immer, wie wir jetzt wissen.

Das dauerte und André konnte erst losfahren, als die Flut längst eingesetzt hatte. Endlich beim Kelpwald angekommen, musste er sich äusserst vorsichtig vortasten. Die Flut hatte bereits einige der kleineren Felsen überspült und deren scharfkantige Zacken lauerten jetzt unter Wasser. Seine Söhne waren jedoch deutlich zu sehen. Wie Denkmäler ragten ihre Körper ab dem Knie aus dem Wasser. Der Felsen, auf dem sie sich aneinanderdrängten, war schon nicht mehr zu erkennen. André stoppte vorsichtshalber den Motor und forderte sie auf, zum Boot zu schwimmen. Doch sie schüttelten nur stumm den Kopf. Dann sah auch André den großen Hai, der schon seit einer Stunde den Felsen umkreiste.

Soweit zum Thema: Große Weiße Haie gehen nie ins Kelp.
Als ich André dann ungläubig fragte, weshalb er uns trotz dieses Vorfalls mitten ins Kelp geschickt hatte, war seine Antwort undeutlich. Es klang so ähnlich wie „Chicken!!"
Aber ganz sicher bin ich mir dabei nicht.

Ein HAILIGHT zum Dahinschweben.
Das Abtauchen in die Unterwasserhöhlen vor Umkoomas und dort auf schwebende Sandtigerhaie zu treffen, ist ein unglaubliches Erlebnis.
Die Haie sind unglaublich relaxt und mit ihnen durch die unterseeischen Gänge zu schwimmen, ist zwar Adrenalin aber nur eine kleine Dosis.
Anders sieht es bei den Tigerhai-Tauchgängen aus, die ebenfalls in Umkoomas angeboten werden. Hier bestehen die Risiken aber vor allem in der Wahl des Anbieters.
Mein Safety-Tipp: Fahrt etwas weiter, nach Shelly Beach zu Roland Mauz von African Dive Adventures.

ALLEIN UNTER TIGERN

| 06

Irgendwie ist von klein auf ein Zwang in mir, Sachen zu tun, die ziemlich unvernünftig sind. Als Kind habe ich mich z.B. immer nur mit deutlich größeren Jungs geprügelt und später wurde es auch nicht viel besser. Davon handeln z.B. viele Geschichten in diesem Buch. Psychologen würden das wohl als ernste Störung diagnostizieren. Ich selbst sehe das nicht ganz so eng, obwohl es in mehr als einem Fall fast schief gegangen wäre. Danach sehe ich zwar kurzfristig ein, dass ich Mist gemacht habe, aber dann kehre ich die Scherben zusammen und vergesse diese Erkenntnis. Nur gut, dass ich meine Frau habe, die ein absolutes Elefantengedächtnis hat und als mein persönliches Regulativ fungiert. Damit habe ich meine Selbstzerstörungs-Psychose fest im Griff, zumindest, wenn sie dabei ist. Es gibt nur wenige Ausnahmen. Umkomaas gehört dazu.

Eigentlich waren wir privat in Südafrika unterwegs. Meine Familie und ich, inklusive meiner damals schon über 80-jährigen Mutter. Neben den obligatorischen Tauchgängen in Gansbaai wollten wir ein Stück die Garden Route entlangfahren und dann eine kurze Safari antreten. Die ganze Familie freute sich schon. Auf dem Erlebnis-Weg dahin hatten wir nur einen Stopp bei meinem Freund Andrew F. Cobb eingeplant. Andy war und ist einer der engagiertesten Hai- und Meeresschützer Südafrikas. Unerbittlich in seiner Meinung und in einem permanenten Kampf gegen all diejenigen, die „seinen" Haien schaden könnten. Im Übrigen war Andy auch einer der bereits mehrfach erwähnten Experten, die mit ihrem Wissen zur Gründung von SHARKPROJECT beigetragen haben.
Sein Motto: „Wenn die Haie sterben, stirbt das Meer. Und wenn das Meer stirbt, sterben wir", ist bis heute ein Evergreen der Haischutzbewegung und war unser Leitspruch von Anfang an.
Diese lebende Legende wollten wir nun besuchen. Nur kurz – nur für ein gemeinsames Abendessen. Am nächsten Morgen sollte es schon weitergehen nach Hluhluwe-iMfolozi. Hinter diesem schier unausprechlichen Namen verbirgt sich eines der schönsten Game-Reservate Südafrikas.

Dort wollten wir eine Woche lang auf Safari gehen.
Aber ich hatte die Rechnung ohne den Wirt, respektive ohne Andy, gemacht. Der hatte nämlich andere Pläne mit mir. Gefährliche Pläne. Damals lag er im harten Clinch mit einem Anbieter von Tigerhai-Tauchgängen in Umkomaas. Andy warf der Tauchschule vor, nicht richtig zu briefen, äußerst leichtsinnig zu sein und damit bewusst Unfälle in Kauf zu nehmen. Die Auseinandersetzung war inzwischen vor Gericht angekommen und Andy brauchte Beweise.
Die sollte ich ihm liefern.
Seine Idee war einfach. Ich sollte anonym (sag nicht, wer du bist, sonst gibt`s garantiert Ärger!) bei dieser Basis einen Tigerhai-Tauchgang buchen und dann Briefing, Ablauf und Sicherheit prüfen und das zu erwartende Dilemma für ihn mit Fotos belegen und bezeugen.
Spannende Sache, ich hatte Lust darauf, meine Tauchausrüstung hatte ich sowieso dabei – also warum nicht?
Mein oben erwähntes Regulativ wusste natürlich ein paar Gründe, die dagegen sprachen. Aber Andy wusste auf alles eine Antwort.

Der bereits gebuchte Bungalow im Game Reserve?

Andy: Kein Problem, der Tauchgang startet ganz früh morgens. Im Grunde ist es wie ein spätes Frühstück. Gegen Mittag könnt ihr schon losfahren, dann kommt ihr noch im Hellen an!

Gefährlich?

Andy: Gerhard weiß, was er tut.

Ist überhaupt ein Platz frei?

Andy: Ich habe mir erlaubt, in Gerhards Namen schon zu buchen!

Was sollen wir (der Rest der Familie) in der Zeit machen?

Andy: Wir laden euch zu einem Wahnsinns-Frühstück ein. Gerhard kann euch dann direkt hier abholen.

Wohin mit dem nassen Tauchzeug?

Andy: Könnt ihr hier bei uns lassen. Wir trocknen das und ihr könnt es auf dem Rückweg abholen.

Am nächsten Morgen um 6 Uhr war ich pünktlich an der bewussten Tauchschule. Mit Anonymität war jedoch nix. Voller Stolz zeigte mir der Basisinhaber als erstes einen SHARKPROJECT-Aufkleber, den ein früherer Tauchgast in der Basis angebracht hatte. Der hatte auch ein Buch von mir dagelassen. Und das Foto darin entsprach ziemlich genau meinem aktuellen Aussehen. Großes Hallo!
Offenbar wusste der Inhaber aber nichts von der Verbindung zwischen Andy und mir. Denn das Briefing für den Tigerhai-Tauchgang war zum Kopfschütteln schlecht. Im Grunde sprach er nur über den Ablauf. Er erklärte, dass er vom Boot aus so lange anködern würde, bis sich der erste Tigerhai zeigte. Dann erst würde die Bait-Box (eine alte Waschmaschinentrommel gefüllt mit Fischresten) ausgebracht. Die war an einer Boje befestigt und hing circa fünf Meter unter Wasser. Auf sein Zeichen sollten wir dann ins Wasser gehen und zur Trommel abtauchen. Er selbst würde das Ganze als Schnorchler von oben beobachten.
Das war`s im Grunde.

Alles andere gab es nur auf Nachfrage. Ich hatte schon einige ähnliche Tauchgänge hinter mir, aber ich fragte aus Rücksicht auf meine Mittaucher, die kurz nach mir gekommen waren und der ganzen Sache ziemlich hilflos gegenüberstanden. Es handelte sich um ein junges südafrikanisches Ehepaar mit einem Bekannten. Die junge Frau war extrem aufgeregt und schaffte es kaum, ihre Ausrüstung zusammenzubauen, geschweige denn, dem ungenügenden Briefing zu folgen. Also fragte ich dumme Sachen und bekam noch dümmere Antworten.

Ist es egal, von wo aus wir die Haie beobachten?
Achtet nur darauf, dass das Maul vor euch ist. Hahaha!

Woran merke ich, wie die Strömung steht?
Merkst du schon, die ist heute Morgen ziemlich stark. Hahaha!

Gibt es etwas, auf das wir bei den Tigerhaien achten müssen?
Nur dass sie euch nicht fressen. Hahahaha!

Sind da nur Tigerhaie oder auch andere Arten?

Ja sicher. Wichtig sind aber nur die, die euch fressen wollen. Hahaha!

Wie lange dauert der Tauchgang?

Solange ihr Luft habt! Hahaha!

Kannst du als Schnorchler überhaupt eingreifen, wenn etwas passieren sollte?

Klar! Von oben habe ich alles im Überblick. Hahaha!

Gibt es einen Notfallplan, falls einer abgetrieben wird?

Natürlich. Sofort hoch und mit der Flosse winken. Wir kommen dann, falls wir euch sehen. Hahaha!

Irgendwann gab ich auf. Außer mir interessierte sich sowieso niemand dafür und der Scherzbold von Basisleiter kam gerade richtig in Fahrt. Die Frau war schon zu Anfang aufgesprungen und hastig auf der Toilette verschwunden. So in der Mitte des „Briefings" ging ihr Mann sie suchen und wurde auch nicht mehr gesehen. Der Freund der beiden probierte keuchend den dritten Leihanzug und fluchte sowohl aus Anstrengung als auch über die Qualität. Keiner der drei hatte bisher seine Ausrüstung zusammengebaut oder machte den Eindruck, dass er wusste, wie es ging.

Persönlich hätte ich spätestens jetzt den geplanten Tauchgang abgebrochen und mir den Basisleiter für ein Gespräch unter vier Augen vorgenommen. Hahahaha!

Wäre da nicht meine Zusage gewesen! Für Andy lief ja alles perfekt. Das ganze verunglückte Briefing hatte ich extra mit meiner Videokamera aufgenommen und wenn das Chaos beim Tauchgang genauso weiterging, würde Andy den Prozess mit Sicherheit gewinnen.

Aber der Tauchgang stand plötzlich infrage. Denn meine Mittaucher gaben auf. Der jungen Frau war noch immer schlecht, und die beiden Männer fühlten sich auch nicht besser. Geld gab es nicht zurück, denn das ganze Team stand ja bereit. Luft gefüllt, Boot aufgetankt, Schnittchen und Getränke gekühlt und eine Waschmaschinentrommel mit stinkenden Fischresten gefüllt. Das waren echte Kosten.

So kurzfristige Absagen können nicht kostenlos sein. Das verstand ich. Meine Mittaucher weniger. Lautstark ging es hin und her, bis sie sich türenknallend verabschiedeten.
Das war's dann wohl. Sorry, Andy! Anzug wieder ausziehen.
Aber dann überraschte mich der Basisinhaber ein weiteres Mal. „Nein, nein", sagte er, „wir tauchen. Wenn die anderen nicht wollen, gibt es eben exklusiv Haie für SHARKPROJECT. Hahahaha!"
Wie gesagt, ich hätte rechtzeitig abbrechen sollen! Spätestens als klar wurde, dass den Guide mein Tauchschein mitsamt Logbuch überhaupt nicht interessierte.
„SHARKPROJECT wird wohl tauchen können! Hahahaha!"
Machte der das immer so oder dachte er, bei mir könnte er sich alle Briefingdetails sparen? Ich bin mir bis heute nicht sicher, wie ich das Verhalten des Tauchguides werten soll. Aber mir rollen sich immer noch die Zehennägel auf, wenn ich daran zurückdenke. Und es sollte noch dicker kommen.
Ich war also jetzt der einzige Taucher an Bord. Für die bessere Gewichtsverteilung musste ich mich deshalb in die Mitte des Schlauchbootes kauern. Dann ging es mit Vollspeed durch die Brandung.
Aua!
Irgendwo im Meer, in Sichtweite der Küste, begann das Ködern. Der Motor wurde abgestellt und der Guide fing sofort an, einen Brei aus Fischblut und Innereien ins Meer zu kippen. Blöd war nur, dass das Zodiac durch den starken Wind schneller trieb, als der blutige Köderbrei in der Strömung. Also immer wieder Motor anwerfen und an den Anfang der Köderspur zurückfahren. Dieses Hin und Her ging gut eine Stunde. Dann tauchte endlich die erste Rückenflosse auf. Ein Schwarzspitzenhai! Also zumindest ein Hai war schon da. Zeit für den Tauchgang.
Während ich mich tauchfertig machte, kippte der Bootsführer die gefüllte Köderbox ins Meer. Der Guide ließ sich ins Wasser gleiten und kraulte zur Boje.
Ich zögerte. Zu lange wohl für den Bootsführer. Fragend sah er mich an und hielt das Boot dabei mit dem Motor auf Position.
Sollte oder sollte ich nicht? Meine Gedanken rasten.

Aber war es wirklich ein Risiko? Ich war ein erfahrener Taucher. Körperlich fit und stresssicher. Zu diesem Zeitpunkt hatte ich bereits mehrere hundert Tauchgänge mit Haien hinter mir. Darunter auch einige, wo es ziemlich zur Sache gegangen war. Ich fühlte mich deshalb gut gerüstet. Dass man nicht alleine tauchen soll, predigte ich zwar immer meinen Tauchschülern, aber im Grunde war ich alleine sicherer, als wenn ich zusätzlich auf einen schwachen Buddy achten musste. Die Box befand sich ja auch nur in fünf Metern Tiefe. Kein Problem mit Dekompressionszeiten und ähnlichen Problemen. Was konnte mir also passieren? Und letztendlich ging es ja um eine gute Sache.

Die Tauchbasis hatte sich bisher mehr als leichtsinnig und verantwortungslos bewiesen. Zu verhindern, dass sie weitere Taucher in Gefahr brachten, war ja auch etwas wert.

Und ganz ehrlich: Ich freute mich inzwischen auch auf die Haibegegnung. Tigerhaie haben etwas ganz Besonderes. Alleine, wie sie schwimmen. So, als ob sie sehr genau wüssten, dass sie zur Spitze der Nahrungspyramide gehören.

Ich ließ mich also über die Bordwand gleiten und nahm meine Kamera entgegen. Das war schon schwierig, da die starke Strömung mich sofort abtrieb. Aber endlich hatte ich die Kamera mit einem Karabiner befestigt. Etwa zehn Meter vor der Boje, tauchte ich ab und suchte die Köderbox.

Aber da war nix – nur Plankton. Viel Plankton. Genau genommen sah ich nur grünes Schneegestöber. War ich an der Köderbox vorbeigetrieben?

Also wieder hoch, gucken, wo die Boje abgeblieben war und Kopf schütteln. Ich war an der richtigen Stelle, die Boje trieb nur wenige Meter vor mir. Mein schnorchelnder Sicherheitstaucher, hatte mein plötzliches Auftauchen bemerkt und winkte mich grinsend zu sich. Trotz meines inzwischen heftig protestierenden Bauchgefühls schwamm ich zu ihm. An dem Seil, das die Boje mit der Box verband, ließ ich mich absinken. Die Sicht war ausgesprochen mies. Weniger als drei Meter schätzte ich. Meine Schätzung war augenscheinlich ziemlich genau, denn als ich an der Box ankam, war mein Schnorchelguide an der Oberfläche nicht mehr zu sehen. Haie im Übrigen auch nicht. Aber bei der schlechten Sicht hieß das gar nichts. Sie konnten direkt

um mich herumschwimmen. Ich würde sie erst sehen, wenn sie ganz nahe herankommen würden. Ich blieb also in der Nähe der Box, achtete jedoch darauf, die Strömung im Rücken zu haben. Was nicht so einfach war. Die Strömung trieb mich schneller ab als die Köderbox. Immer wieder musste ich deshalb gegen die Strömung anschwimmen. Beim Herumdrehen sah ich dann den ersten Tigerhai. Mit einem kurzen Schlag seiner Schwanzflosse verschwand er jedoch sofort wieder im Planktonsturm. Upps! Mit Adrenalin im Blut stellte ich meine Kamera ein. Ich weiß noch, dass ich einen Moment frohlockte, Andy ein Bild mitbringen zu können, mit dem ich die für Haifütterungen völlig ungenügende Sichtweite dokumentieren würde. Aber die Freude währte nur kurz. Dann kam der Hai nämlich zurück. Fast übergangslos tauchte er aus dem Plankton auf und schwamm direkt auf mich zu. Abwehrend streckte ich ihm mein Kameragehäuse entgegen und nutzte gleichzeitig die Chance meinen ersten Tigerhai zu fotografieren. Angst hatte ich eigentlich nicht. Denn zwischen ihm und mir war ein großes und massives Gehäuse. Damit hatte ich bisher jeden Hai auf Abstand halten können.
Doch dieser dachte wohl, es handelte sich um Geschenk. Ich konnte gerade noch die Hände zurückziehen, bevor er das ganze Gehäuse in sein Maul nahm. Nur noch die Blitzarme ragten links und rechts wie zwei Antennen heraus. Dann schwamm er einfach über mich hinweg. Ich folgte ihm unfreiwillig, denn da ich den gesamten Fotokram mit einer Sicherheitsleine an meiner Weste befestigt hatte, zog er mich beim Weiterschwimmen einfach mit. Fieberhaft versuchte ich, den Karabiner zu lösen, aber der Zug auf der Leine war zu stark.

Wahrscheinlich auch für den Hai sehr unangenehm.
Denn plötzlich spuckte er das Gehäuse wieder aus. Wie ein Schemen verschwand er danach im Planktonnebel und ließ mich adrenalingeschwängert und völlig orientierungslos zurück.

Tiger im Planktonnebel. Ich sah die Tiere erst kurz vorher. Eine mehr als unheimliche Situation.

Ich hatte keine Vorstellung, wie weit der Hai mich mitgeschleppt hatte. Aber es mussten etliche Meter gewesen sein. Von der Köderbox war nämlich weit und breit nichts mehr zu sehen. Erschrocken sah ich die Anzeige meines Tiefenmeters. Ich war auf achtzehn Meter. Also langsam auftauchen und an der Oberfläche erst einmal orientieren.
Ich gebe zu, dass ich beim Auftauchen unentwegt kreiselte, um die Umgebung im Blick zu behalten. Das war auch gut so, denn der Hai kam zurück. Und er hatte noch einen Freund mitgebracht. Neugierig umkreisten mich die beiden Tiere, dann verschwanden sie wieder im Planktongewitter. Vorsichtshalber hakte ich schon einmal die Sicherheitsleine der Kamera aus. Auf eine weitere Taxifahrt verspürte ich keine Lust.
Aber die beiden Haie waren scheinbar weg.
Gerade wollte ich erleichtert aufatmen, da spürte ich plötzlich einen heftigen Stoß gegen meine Tauchflasche. Einer der Haie hatte mich von hinten gerammt und sich dabei offensichtlich eine dicke Nase geholt. Ich sah ihn auf jeden Fall nur noch von hinten, bevor er wieder verschwand. Wo sein Kumpel war, wusste ich nicht.
Jetzt wollte ich nur noch aus dem Wasser. Für mich begann ein endlos langer Weg nach oben. Der dichte Planktonschnee rings um mich gaukelte meinen aufgepeitschten Sinnen immer wieder Trugbilder vor, und als ich endlich die Oberfläche erreichte, wurde es auch nicht besser. Ich wusste, die Tiere waren garantiert noch in der Nähe, und ich fühlte mich an der Wasseroberfläche noch angreifbarer als unter Wasser.
Doch es wurde noch schlimmer. Der Wind hatte aufgefrischt und durch die aufgepeitschten Wellen konnte ich weder Boot noch Boje sehen. Mit flatternden Händen blies ich meine brandneue Rettungsboje auf und wartete. Nach einigen leicht panischen Minuten fand mich

glücklicherweise unser Bootsführer, der gerade wieder eine Runde drehte, um die Abdrift des Zodiacs auszugleichen.
Erschrocken über mein Auftauchen so weit von der Boje weg, stoppte er und half mir anschließend mit vorwurfsvoller Miene aus dem Wasser. Dann fuhr er – immer noch kopfschüttelnd – zu der gut 300 Meter (!) entfernten Boje, um den Guide und die Köderbox einzusammeln.
Der war ganz überrascht, dass ich schon an Bord war. Von dem Geschehen unter Wasser hatte er offensichtlich überhaupt nichts mitbekommen.
Mir war das völlig egal. Ich zählte dankbar meine Beine und dann die Kratzer an der Oberfläche meines Unterwassergehäuses.
Alles gut.
Es war vorbei.
Mein Adrenalinspiegel sank. Aber nur so lange, bis der inzwischen an Bord gekommene Guide begann, mir heftige Vorwürfe zu machen. Aus seiner Sicht hatte ich mich durch das Entfernen von der Boje äußerst unvorsichtig verhalten. Wenn da Tigerhaie im Wasser gewesen wären, hätte alles Mögliche passieren können, meinte er – von der Gefahr, weit abgetrieben zu werden gar nicht zu reden.
Ich habe ja schon erwähnt, dass mein Englisch Lücken hat, besonders wenn ich wütend bin. Aber der Guide hat mich verstanden. Zunächst wollte er mir nicht glauben, doch als ich ihm die Tigerhai-Fotos und das zerkratzte Gehäuse zeigte, wurde er sehr leise.
Genauso leise war er auch vor Gericht. Den Prozess gewann Andy mit Pauken und Trompeten. Mein Bericht und die Fotos waren dafür ausschlaggebend. Die Basis wurde verkauft und der Nachfolger gelobte Besserung.
In der Folge konnte Andy dank dieser Beweise sogar schärfere Vorgaben für Haifütterungen durchsetzen.

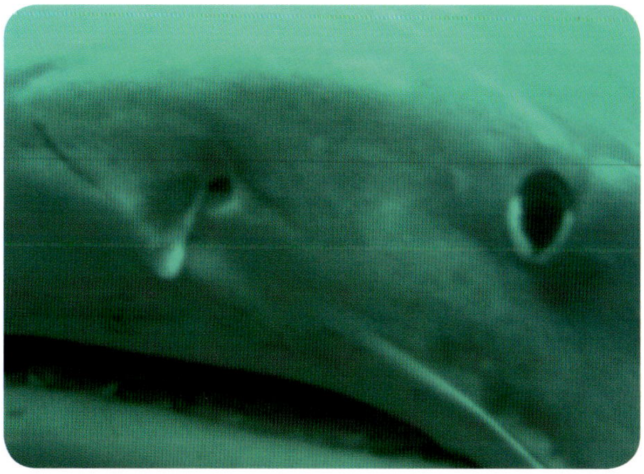

Mein damaliges Gehäuse, fein ziseliert von den Tigerhai-Zähnen.

Bei dieser Sicht machen Tauchgänge Spaß. Man sieht die Tiere, sie sehen die Taucher, dazu ein richtiges Briefing (in dem Fall von Roland Mauz), und das Risiko sinkt erfreulich.

Im Grunde war dieser Prozess die Geburt eines neuen Breviers, des südafrikanischen Shark-Instructors.
Mit dieser Ausbildung wollte das MCM optimal geführte und kontrollierte Haifütterungen erreichen.
SHARKPROJECT unterstützte das MCM dabei auch mit einer Kampagne, die klare Richtlinien für Taucher und Betreiber gab. Dazu erarbeiteten wir Vorlagen für Tauchlehrer, damit sie ihren Gästen ausführliche und richtige Briefings geben können. Einige Jahre später wurde daraus – speziell für alle SSI-Tauchbasen – ein detailliertes Shark-Specialty für Tauchlehrer und Taucher.

Würde ich so einen Kamikaze-Tauchgang noch einmal machen?

Nein! Niemals! Und zwar aus zwei Gründen.
Erstens gab es bei diesem Tauchgang eine dramatische Addition der Faktoren, die zu einem Haiunfall führen können, wie: Futter im Wasser, Konditionierung, schlechte Sicht, Konkurrenz, Persönlichkeit der Tiere und fehlender Respekt. Zweitens würde meine Frau mich erschlagen. Als ich bei Andy eintraf, habe ich ihr nur einen Teil der Geschichte erzählt. Das was ich glaubte, erzählen zu können. Aber das Wenige reichte aus, dass mich einer ihrer gefürchteten Blicke traf. Eine Wiederholung eines solchen Tauchgangs wäre für mich also weitaus gefährlicher als jeder Tigerhai.

War ich in Lebensgefahr?

Nein. Bei diesem Haiunfall kamen nur wirklich mehrere unglückliche Umstände zusammen. Seither habe ich viele weitere Tauchgänge mit Haien hinter mir. Aktuell rund 1500. Darunter waren auch einige mit den großen Brocken, also mit ausgewachsenen Tigerhaien, Bullenhaien, Weißspitzen-Hochseehaien, Weißen Haien usw. Niemals hatte ich dabei das Gefühl einer Gefährdung. Was ich jedoch gelernt habe, ist Respekt. Ich tauche heute anders mit Haien als früher. Vorsichtiger und mit weitaus mehr Respekt.

Die Hauptgefahr lag damals nicht in den Haien, sondern eher im unbemerkten Abtreiben. Durch die starke Küstenströmung passiert das recht häufig und ist lebensgefährlich für den Taucher.

Könnte so etwas heute immer noch passieren?

Leider ja. Solche Kamikaze-Tauchgänge gibt es immer noch. Unerfahrene Guides, Futter im Wasser, kein oder ungenügendes Briefing, kein Sicherheitsplan, Haie, die ihre Scheu vor Menschen verloren haben, und vor allem Menschen, die ihren Respekt vor den Haien verloren haben.

Eine unselige Mischung, die leider verstärkt zu Unfällen und sogar zu Todesfällen führt.

Und die wiederum verursachen Angst vor dem Hai.

Ein teuflischer Kreislauf, den wir jedoch ganz leicht durchbrechen können. Alles, was wir brauchen, ist gesunder Menschenverstand und Respekt. Respekt vor einem Raubtier, das uns potenziell gefährlich werden kann. Und gesunder Menschenverstand, der uns rät, gefährliche Situationen zu vermeiden.

* Wer mehr wissen will, dem empfehle ich das Sachbuch „BLIND DATES" von Christine Gstöttner und mir. Hier haben wir gemeinsam mit 25 internationalen Experten alles zusammengetragen, was es bei Haibegegnungen zu beachten gilt, inklusive einer genauen Erläuterung möglicher Unfallfaktoren.

Was beweist, ich lerne eben auch dazu. :-)

Ein echtes „Hai-Foto-Schmankerl", wie meine Freundin Tina sagen würde. Produkte aus Blauhai oder Makohai im Lebensmittelregal zu sehen, lässt mir die Kehle zuschwellen. Davon handelt die nächste Geschichte.

Mai 2006
HAI-
STEAKS
EINZELN TIEFGEFROREN
SERVIERVORSCHLAG
ICELANDIC
SEAFOOD

HAIALARM IN DER TIEFKÜHLTRUHE

| 07

Manches Mal sind es vor allem die negativen Dinge, die am nachhaltigsten wirken. Bei mir war es eine zynische Umweltschützer-Wahrheit von Andy Cobb. Bei einer unserer Diskussionen im Vorfeld der SHARKPROJECT-Gründung, als ich völlig naiv dachte, dass Hai- und Meeresschutz eigentlich im Sinne aller Menschen sein müsste, klopfte er mir lediglich kopfschüttelnd auf die Schulter und entgegnete: „Ich finde deinen Enthusiasmus beeindruckend, aber nach all den Jahren weiß ich: Haischutz funktioniert nur, wenn einer daran verdient!"
Upps! Das war hart. Übersetzt z.B. auf den Handel, der Flossen und Haifleisch anbietet, hieß das nichts anderes, als dass wir bei den Händlern nur Erfolg haben, wenn wir ihnen für den Verzicht mehr bieten, als sie am Verkauf verdienen.
Nun bin ich aber auch Inhaber einer der erfolgreichsten Absatzförderungsagenturen Deutschlands und Image ist für meine Kunden einer der wichtigsten Kapitalwerte. Ich musste Andys Weisheit also einfach nur umkehren und die Händler mit Image bezahlen. Imagegewinn oder Imageverlust sind dabei gleich zu setzen.

Das war die Idee hinter unserer Kampagne STOP SALES, die sich gegen alle Lebensmittelhändler und Gastronomen richtete, die Haiprodukte anboten.
Der Zündfunke für diese Kampagne stammte vom damaligen Umweltminister der Malediven. Ihm übergaben Harald Bänsch, zu der Zeit Vizepräsident von SHARKPROJECT, und ich auf der ITB in Berlin unseren Negativ-Award als „Haifeind des Jahres". Die Malediven wurden damals „ausgezeichnet" für den eklatanten Widerspruch zwischen dem boomenden Tauchtourismus und dem ebenso boomenden Handel mit Haiflossen. (Aktuelle Anmerkung: Zwischenzeitlich gehören die Malediven zu den Guten. Der Fang von Haien und der Handel mit Flossen ist verboten.)

Einmal im Jahr vergeben wir mit internationaler Jury den Shark Guardian und den Shark Enemy of the Year. Die Malediven, einer der Negativpreisträger, gaben den Ausschlag für unsere Kampagne.

2004 war das jedoch anders und der Minister war „not amused". Im Klartext: Wir flogen hochkant vom Messestand. Vorher gab es noch eine kurze und heftige Diskussion, in der er uns vorwarf, mit zweierlei Maß zu messen. Noch am Abend zuvor hätte er hier in Berlin Haiflossensuppe serviert bekommen. Wir sollten also erst einmal vor der eigenen Tür kehren.

Das hatte zwar nichts mit der Award-Begründung zu tun, aber trotzdem hatte er uns einigen Grund zum Nachdenken gegeben. Konnten wir guten Gewissens international als Haischützer auftreten, während wir in unserem Heimatland still blieben? Nein, entschieden wir.

Das Ergebnis hieß STOP SALES. Wir forderten die Hai-Community auf, uns Händler und Gastronomiebetriebe zu melden. Hunderte von Meldungen überfluteten uns. Zunächst argumentierten wir mit dem Schutz bedrohter Arten und erst, wenn das nichts nutzte, kam das Image des Händlers ins Spiel. Erpressung würde ich das nicht nennen, eher die Wahl zwischen einem positiven und einem negativen Image. Die Argumente für Umwelt-, Meeres- und Haischutz waren auf unserer Seite.

Dazu kam unsere Methylquecksilber-Argumentation, die vor Giftstoffen im Haifleisch warnte. Die Kampagne war sehr erfolgreich. Die Liste auf unserer „Hall of Fame"-Seite wuchs deutlich schneller als die Negativ-Alternative „Hall of Shame". Die wenigen Anbieter von Haiflossensuppe verschwanden fast ganz, und bei Schillerlocken und Co. verzichteten nach unserer Intervention die meisten der Unternehmen auf den Verkauf. Abgesehen von den ewig Unbelehrbaren war es damals eine gute Zeit für den Haischutz in Deutschland. Für uns besonders erfreulich war die Resonanz in der Öffentlichkeit. Wenige Jahre nach der Gründung hatten wir unser erstes Ziel geschafft. Dank unserer breiten Öffentlichkeitsarbeit, damals vornehmlich in Taucherkreisen, gab es eine breite Hai-Lobby. Menschen, die uns unterstützten und mit ihrem Engagement motivierten.
Das Ziel, Deutschland „frei von Haiprodukten" zu machen, schien greifbar nahe. Doch dann kam eine neue Meldung herein.
Ein aufmerksamer Haischützer schickte uns den Werbeprospekt eines großen, bekannten Lebensmitteldiscounters zu, der tiefgefrorene Makohai-Steaks anbot. Zu einem Wahnsinns-Angebotspreis. Wir waren alarmiert. Es war das erste Mal, das Makohaifleisch in einem Flyer beworben wurde. Parallel schickte uns ein Mitarbeiter dieses Unternehmens interne Unterlagen zu, die belegten, welche Mengen und Absichten dahinterstanden. Bei dem immer knapper werdenden Speisefischangebot wollte der Händler eine neue Fischkategorie einführen. Bei breiter Akzeptanz der Verbraucher drohte danach ein gezielter Fang von Makohaien. Grund für uns, sofort zu reagieren.

Zuerst schrieben wir die Zentrale an. Inhalt unseres Briefes: All unsere Argumente zu Umwelt-, Meeres- und Haischutz. Die Antwort des Händlers war lapidar und ging überhaupt nicht auf unsere Sorgen ein.

Also zweite Stufe: Wir starteten eine Petition und baten unsere Community, diese ausgefüllt direkt an den Händler zu schicken. Gleichzeitig schickten wir Vordrucke an alle uns bekannten Umwelt- und Tierschutzorganisationen sowie alle Tauchsportorganisationen und -basen in Deutschland.
Der Erfolg übertraf alle unsere Hoffnungen. Schon nach zwei Tagen brach der E-Mail-Server des Händlers zusammen. Aufgebrachte Haischützer beschwerten sich bei den Marktleitern in den einzelnen Filialen, und ganz Mutige verteilten Flugblätter vor der Handelszentrale. Es kam, wie es kommen musste: Gemäß dem Umkehrschluss von Andys Umweltschützer-Weisheit, nahm der Händler schleunigst Abstand von dem drohenden Imageverlust. Um Verluste zu vermeiden, knickte er ein. Bis heute hält er sich an sein damaliges Versprechen, in seinen Filialen keine Haiprodukte mehr anzubieten.
Angriff also abgewehrt. Ein weiterer Erfolg für STOP SALES.

Für mich war es aber auch ein Erfolg der ganz anderen Art: Das erste Mal hatten so viele Menschen gemeinsam für Haie gekämpft.

Das erste Teilziel unseres Gründungskonzeptes, eine Lobby für Haie zu schaffen, war damit erreicht. Schneller, als ich es je erwartet hätte. Deshalb ist der damalige Haialarm in der Tiefkühltruhe für mich ein ganz besonderes HAILIGHT und gehört in dieses Buch.

Ist Haifleisch überhaupt essbar?

Richtig behandelt ja. Sonst hat es einen penetranten Harngeschmack, wenn es nicht sofort eingefroren wird. Haie sind meistenteils Beifang und gelten als geringwertiges Fleisch. Jeder andere Speisefisch bringt dem Fischer bessere Fleischpreise. Mako- und Blauhaie gehören zu den wenigen Haiarten, deren Fleisch als menschliches Nahrungsmittel von Lebensmittelhändlern angeboten wird. Vornehmlich in Entwicklungsländern ist das weit verbreitet. Darüber handelt auch noch eine andere Geschichte in diesem Buch.

Ist Haifleisch giftig?

Ja! Als Topräuber sammeln Haie eine immense Giftmenge an, das sich in ihrem Fleisch einlagert. Regelmäßiger oder in Sonderfällen auch einmaliger Genuss kann bei Menschen zu gesundheitlichen Problemen führen. Ist ein komplizierter Sachverhalt. Lest dazu unsere spezielle Methylquecksilber-Argumentation im Internet.

Ist STOP SALES noch aktuell?

Ja – nur aktualisiert. Z.B. aktuell: SCHILLERLOCKE – KILLERLOCKE oder RESTAURANTKAMPAGNE.

Fast schon ein Wimmelbild.
Tina, Christine Gstöttner, macht
unglaubliche Bilder. In ihrem
digitalen Archiv schlummern
heute tausende
von Fotoschätzen.
Das war einmal anders.
Als wir uns kennenlernten,
fing sie gerade mit dem
Fotografieren an.
Von unserem Kennenlernen
handelt die folgende Geschichte.

Der Wirbelsturm und ich. Eine
Freundschaft fürs Leben

IM ZENTRUM DES WIRBELWINDES TINA

| 08

Wer bei Haischützern immer zuerst an muskelbepackte und von der Sonne verbrannte Männer mit Vollbart denkt, beschreibt damit zwar André Hartman ganz treffend, liegt bei SHARKPROJECT aber völlig falsch. Unser Führungsteam besteht sogar aus überdurchschnittlich vielen Frauen. Und alle haben sie deutlich mehr Eier als die meisten Männer. Sie können besser organisieren, kämpfen leidenschaftlicher und sehen zudem noch besser aus.
Einige dieser Wunderwesen haben unsere Arbeit von Beginn an begleitet und wesentlich geformt. Dazu gehört ganz vorne Chris, die beste Ehefrau von allen, wie ich Gründungsmitglied von SHARKPROJECT, deren Zahlen- und Organisationsgenie nicht nur unsere Buchhaltung ordnet, sondern auch mich. Ohne ihre Unterstützung wäre ich x-mal steckengeblieben.
Dann natürlich Christine Staacks. Sie hat unsere Webpräsenz von anfangs drei Seiten (!!), kontinuierlich auf aktuell einhundertfünfzig Seiten ausgebaut. Ohne sie gäbe es keine einheitliche Corporate Identity, und unsere Flyer würden wie Kraut und Rüben aussehen.
Den beiden SHARKPROJECTlern einfach nur Danke zu sagen, ist zu wenig. Hier sinke ich auf die Knie und preise die Haigötter, dass sie solche Frauen an meine Seite gestellt haben.
Und wenn ich schon auf den Knien bin, dann darf ich eine Naturgewalt nicht vergessen, die unsere Arbeit ebenfalls von Anfang an begleitet hat. Einen echten Wirbelsturm, der kaum zu bändigen ist: Christine Gstöttner. Damals war sie Chefin eines kleinen Kaufhauses und quasi nebenbei Tauchlehrerin und Geschäftsführerin eines Tauchshops bei Wien. Heute ist sie nicht nur weltbekannte Unterwasserfotografin und Inhaberin eines bekannten Tauchreise-Veranstalters, Co-Autorin bei BLIND DATES und Vizepräsidentin bei der Dachorganisation SHARKPROJECT International, sondern gehört auch zu meinen besten Freunden.
Gemeinsam haben wir viel zusammen erlebt. Grund genug, diesem Hurrikan an Tatkraft – stellvertretend für all die starken Frauen von SHARKPROJECT – eine meiner HAILIGHT-Geschichten zu widmen. Eine, bei der ich mitten im Zentrum des Wirbelsturms stand.

Aufklärung bzw. die Entkriminalisierung der Haie war und ist eines unserer Hauptanliegen. Damals – kurz nach Gründung – kam ich auf die Idee, Vorträge als Werkzeug dafür einzusetzen. Natürlich nicht irgendeinen Vortrag, sondern gleich multimedial präsentiert, d.h. einen bunten Mix aus Geschichten, persönlichen Erlebnissen, spektakulären Haifotos und Filmen. Mit dabei – unser damaliger wissenschaftlicher Leiter Dr. Erich Ritter. Gemeinsam tourten wir durch Deutschland. Unsere Partner waren Tauchsportgeschäfte, weil wir Taucher als unsere Hauptzielgruppe für die Entkriminalisierung der Haie sahen und bis heute noch sehen. Die Gründe dafür sind ganz einfach. Taucher sind näher dran und damit auch interessierter an dem Erhalt des Ökosystems Meer. Dazu kommt die Angstzination Hai, die bei Tauchern zumindest damals deutlich ausgeprägter war.

Ob es an Werbung fehlte oder ob die Vortragsreihe an sich zu früh kam, weiß ich nicht. Ich weiß nur, dass es katastrophal war. Bei manchen Veranstaltungen hörten uns nur zwanzig Leute zu. Und am darauffolgenden Morgen ging es quer durch die Republik weiter zur nächsten Stadt. Oft noch bei starkem Schneetreiben und winterlichen Straßenverhältnissen kamen wir häufig erst in letzter Minute an, nur um vor ganz wenigen Menschen zu sprechen.

Erich und ich nahmen es damals mit Humor. Zumeist jedenfalls. Unser Spruch war immer: Wir machen es für die, die da sind und nicht für die, die nicht gekommen sind!

Im Vergleich zu Rainer, der uns als Kartenverkäufer, Merchandising-Shop und Roadie begleitete, saßen wir ja auch luxuriös vorne in meinem Privat-PKW. Rainer selbst war hinter uns eingeklemmt zwischen zwei überdimensionalen Lautsprecherboxen und saß halb auf einer aufgerollten Leinwand. Auf dem Schoß hatte er die T-Shirts, die den Großteil unseres damaligen Merchandising-Programmes ausmachten. Ein- und aussteigen konnte er nur, wenn wir ihm aktiv dabei halfen. Ganz nebenbei war das eine gute Chance, unsere Einnahmen aufzufrischen. Wenn er dringend auf eine Toilette musste, ließen wir uns das einfach bezahlen. Spaß musste sein!

Finanziell war die Tour ansonsten eine Katastrophe. Privat gab ich fast mehr für Benzin aus, als wir insgesamt für SHARKPROJECT einnahmen. Aber ehrenamtlich war unsere Arbeit sowieso und wir alle mussten lernen. Und wenn es bedeutete, Rückschläge einzustecken.

Neben der Deutschlandtour hatten wir für den Schluss noch einen Vortrag in Österreich geplant. Schuld daran war einzig und allein Tina. Als sie von dem Vortrag hörte, lud sie uns nach Österreich ein und übernahm die Organisation. Wir hatten keine Chance, zu widersprechen. Sie war überzeugend und brachte uns mit Charme und eiserner Härte dazu, zu unserer deprimierenden ersten Deutschlandtour noch die über 500 km nach Wien zu addieren. Einen Vortrag in Wien zu halten, klingt groß, unser Termin war in Gablitz, einem weitgehend unbekannten kleinen Ort bei Wien.
Was konnte das schon werden? Aber zugesagt, war zugesagt und gegen Tina gab es sowieso kein Entkommen. Also trudelten wir irgendwann in Gablitz ein.
Mein erster Eindruck war, dass Gablitz zu Recht ein unbekannter, kleiner Ort war.
Dann kamen wir zum Bürgersaal.
Die erste Besichtigung machte uns sprachlos. In der immens großen Halle, für über 300 Menschen bestuhlt, baute gerade eine Messefirma die Technik auf, richtete Scheinwerfer auf die eigens errichtete Bühne und verpflichtete uns gleich zu dem ersten Soundcheck. Die Stimmung war ausgelassen, was sicherlich auch auf den Winzer zurückzuführen war, der am Rand der Halle einen eigenen Pavillon aufgebaut hatte. Wir brauchten auch erst einmal ein Glas oder besser noch eine Flasche. Was war denn hier los? Sollten wir Tinas Optimismus brechen und von unseren bisherigen Erfahrungen bei der Tour berichten? Kopfschüttelnd musterte ich das geschäftige Gewimmel um uns herum. Wie würden ein paar Dutzend Menschen in einer solchen Mammuthalle wirken?
Das Eintreffen der von Tina eingeladenen Presse unterbrach unsere Überlegungen. Eine Stunde lang mussten wir Interviews (!) geben. Dann mahnte Tina, wir sollten endlich einmal aufbauen. Es wurde der einfachste Aufbau meines Lebens. Laptop auspacken und anschließen. Mehr gab es nicht zu tun. Unsere gesamte Technik konnte im Auto bleiben. Nur das kleine Bündel Merchandising-Artikel mussten wir holen. Das immerhin rettete unseren neuen Roadie Markus vor einer einsamen Nacht. Markus war kurzfristig für den von Rückenschmerzen geplagten Rainer eingesprungen und wir hatten ihn schlicht und einfach auf dem Rücksitz vergessen.

Ein paar Gläser Wein später war er wieder beruhigt. Dann ging es los. Die Tore öffneten sich und wie eine Sturzflut strömten Menschen in die Halle. Es hörte nicht auf. Bald waren es viel zu viele für die vorgesehene Bestuhlung. Unser Vortrag verzögerte sich um eine halbe Stunde, weil immer noch weitere Stuhlreihen gestellt werden mussten. Die letzten waren von der Bühne aus schon kaum noch zu sehen. Kein Problem für Tinas Technikteam. Sie holten aus ihrem Roadietruck einfach eine größere Leinwand.
Erich und ich sahen dem Treiben fassungslos zu. Zum Schluss waren irgendwie knapp 400 Menschen in der Halle zusammengepfercht. Alle diese Menschen waren gekommen, um etwas über Haie zu erfahren. Unglaublich!
Aber das war noch nicht alles. Gerade, als wir endlich beginnen wollten, kamen noch zwei verspätete Ehrengäste. Der ganze Saal applaudierte und ich hatte Gänsehaut am ganzen Körper.
Das erste Mal durfte ich Prof. Hans Hass und seine Frau Lotte begrüßen. Tina – wer sonst? – hatte die beiden Urgesteine der Meeresforschung einfach frech angerufen und zu unserem Vortrag eingeladen.
Sie kamen tatsächlich und hörten unserem Vortrag über zwei Stunden lang zu. Die Hand, mit denen ich die beiden begrüßte, habe ich bis heute nicht gewaschen. (Scherz!)
Wir waren auf jeden Fall stolz wie Lumpi und restlos begeistert von Tina, die einen solchen unvergleichlichen Abend für den Haischutz möglich gemacht hatte.
Seit diesem ersten Mal gab es noch viele weitere Vorträge in Österreich. Immer mit Gänsehaut-Feeling und immer organisiert von Tina. Für mich blieb aber Gablitz unvergesslich. Er war der Erste mit so vielen Menschen, Motivationspunkt für all die Vortragstouren der nächsten Jahre und Beginn einer tiefen Freundschaft.
Klar wie Kloßbrühe: Umgehend war Tina fest im Team und bald unentbehrlich in Organisation und Tatkraft, bis hin zur Gründung von SHARKPROJECT Austria und weit darüber hinaus.
Einfach ein echter Wirbelwind – diese Frau!

Veranstaltungsort:

Veranstaltungsort:

Veranstaltungsort:

Seit diesen ersten Tastversuchen in puncto Vortrag habe ich aktuell rund 286 Vorträge bei 8 Touren gehalten. Den größten mit über 500 Zuhörern. Geschätzt waren insgesamt bisher über 50.000 Menschen in diesen Vorträgen.

Nicht gerechnet unsere parallelen Schulvorträge, Vorträge in Tauchschulen und anderen Auftritte. Vorträge und Lesungen sind ein wichtiger Teil unserer Öffentlichkeitsarbeit geworden. Den Mut dazu hat uns die Veranstaltung in Gablitz gegeben.

Man nennt es Finning. Es gehört für mich zu den grausamsten Dinge, die wir Menschen Tieren antun.
Fangen, bei lebendigem Leib die Flossen abschneiden und den zuckenden Körper wieder ins Meer kippen.
Und das alles für einen Teller schleimiger Suppe.
Der Kampf gegen Finning ist eines meiner stärksten Motivationen, für die Haie zu kämpfen.

In dieser „Bar“ fanden wir unsere Fischer. Eine Flasche Gin gab es bereits für umgerechnet 1 Euro. Der Beginn einer innigen Männerfreundschaft.

MOSAMBIKISCHES FEUERWASSER

| 09

Geschichten chronologisch zu erzählen, ist langweilig. Zumindest für mich. Deshalb mache ich es jetzt so, wie ich auch Geschichten unter Freunden erzähle. Ich springe unbarmherzig von Thema zu Thema. Nieder mit der Chronologie, es lebe die Unterhaltung!

Im März des Jahres 2010 war ich nach langwierigen Vorbereitungen mit Wolfram Koch, unserem Projektleiter für Filme, in Mosambik eingetroffen. Wolfram entspricht dem im vorherigen Kapitel gezeichneten Bild eines Haischützers: Gefühlte zwei Meter groß, Prankenhände, muskelbepackt, Karatekämpfer und adrenalinerfahren als Journalist in Krisengebieten. Dazu ist er auch noch sicher im Umgang mit einer Kamera – und das über und unter Wasser. Wolf ist unser Mann fürs Abenteuer.
Meine Wahl, ihn als Begleiter zu dieser Expedition mitzunehmen, fiel deshalb nicht zufällig auf ihn. Auf der Expedition befürchtete ich einigen Trouble.
Das wurde mir zumindest von einem befreundeten Tauchreise-Anbieter angekündigt. Er hatte uns auf der Messe „boot" in Düsseldorf von einer dramatischen Entwicklung in seiner Wahlheimat Mosambik erzählt. Immer mehr traditionelle Fischer wechselten dort zum Haifang. Chinesische Aufkäufer zahlten viel Geld für die Flossen, und inzwischen lebten entlang der Küste Hunderte von Fischern ausschließlich vom Verkauf von Haiflossen. Ganze Dorfgemeinschaften aßen nur noch Haifleisch, da in diesem armen Land nichts weggeworfen wurde.
Und wenn es keine Haie mehr vor der Küste gab, zogen die Haijäger einfach zu neuen Jagdgründen weiter.
Ziemlich dramatische Entwicklung. Zum einen wurden ganze Haipopulationen ausgerottet mit Riesenproblemen für das Ökosystem und zum anderen war der häufige Verzehr von methylquecksilberverseuchtem Haifleisch hochgefährlich für die Bevölkerung. Das wollten wir dokumentieren und öffentlich machen. Dafür gab es Kontakte zu einem einheimischen Filmteam, das wiederum gute Kontakte zu einigen Häuptlingen der Fischerdörfer hatten.

Dazu gab es etliche Termine mit Regierungsangehörigen für die wir Studien und Messergebnisse unserer Methylquecksilberkampagne eingepackt hatten.
Doch zuvor galt es, die Praxis zu dokumentieren. Da dies sicher nicht im Interesse der Fischer und Großhändler war, mussten wir sehr diplomatisch vorgehen.

Der schnellste Weg in der Diplomatie, um die Meinungen von Menschen zu ändern, heißt Bestechung. Also bestachen wir einen der Häuptlinge.
Gegen die Zahlung einer geschäftsmäßig verhandelten Summe von umgerechnet 150 Euro durften wir in seinem Dorf drehen und die Fischer begleiten. Wobei Dorf ein falscher Begriff war. Es handelte sich um einige winzige Strohhütten am Strand, in denen die Fischer während der Woche hausten. Nur am Sonntag gingen sie zu ihren Familien ins richtige Dorf. Das war rund zwei Wegstunden entfernt, wie auch der nächste Brunnen.
Mit dem vorsintflutlichen Zweitwagen des Häuptlings schafften wir den Weg in der gleichen Zeit. Sein Erstwagen, ein ebenso alter Jeep, hatte schon nach den ersten Metern schlappgemacht. Für uns hieß das umsteigen und umpacken. Als wir endlich ankamen, waren wir schweißgebadet. Reif für eine Dusche, wenn es denn eine gegeben hätte.
Für unsere 150 Euro bekamen wir zwei der Schilfhütten zugewiesen und wurden den Fischern vorgestellt. Im Beisein des Häuptlings vereinbarten wir einen ersten Drehtermin um 7 Uhr am nächsten Morgen. Das war`s dann. Der Häuptling verabschiedete sich mit klapperndem Auspuff und wurde danach nicht mehr gesehen. Die Fischer verschwanden auch. Das machte uns zu diesem Zeitpunkt noch nichts aus, denn wir hatten genug zu tun. Es fing an, leicht zu regnen, und wir mussten die gesamte Ausrüstung irgendwie in den Hütten verstauen. Es wurde eng. Dann mussten wir auch noch mit rein, weil es begann, regelrecht zu schütten. Wir, das war unser

Unser Zuhause für die nächsten zwei Wochen. Sieht klein aus, bot aber Platz für zwei bis drei Erwachsene, 350 Kilogramm Technikequipment, ein paar Shirts und geschätzte zehn Millionen Moskitos.

einheimisches Filmteam, zwei junge Engländer, die uns den Kontakt vermittelt hatten, Neville unser Dolmetscher, Wolfram und ich. In den Hütten wurde es also noch enger und das blieb so die ganze Nacht, denn es hörte nicht auf zu regnen. Wolf und ich hatten noch Glück, weil in unserer Hütte nur das Tauchequipment untergebracht war. Da war die Feuchtigkeit egal und unsere Kameras ruhten sich in ihren Unterwassergehäusen aus. Die Filmleute mit ihren großen Kameras und sonstigem wasserscheuen Zubehör waren die ganze Nacht beschäftigt.

Wobei wir auch nicht geschlafen haben. Das hatte aber weniger mit dem Regen zu tun, sondern ausschließlich mit den Abermillionen Stechmücken, die mit uns die Hütte teilten. Wir hatten eine akribische Packliste, und Moskitonetze und Insektenmittel hätten eigentlich hier sein müssen. Doch da war nichts.

Neville, unserem Dolmetscher, fiel dann ein, wo er die Tasche im Auto des Häuptlings verstaut oder besser versteckt hatte. Da lag sie noch. Der Häuptling hatte also neben unseren 150 Euro auch noch unseren gesamten Mückenschutz.

Und das war dramatisch. Ich bin nämlich empfindlich. Jeder Stich schwillt bei mir besonders groß an und juckt mehr, als bei jedem anderen, den ich kenne. Zumindest bin ich selbst davon überzeugt. Meine Frau sagt, ich wäre nur ein Sensibelchen, aber sie hat keine Ahnung von den Qualen, die ich nach einem Insektenstich erdulden muss.
Am nächsten Morgen sah ich aus wie ein Michelinmännchen und war arbeitsunfähig, d.h. wenn es nach mir gegangen wäre. Denn Punkt 6:45 Uhr rüttelte mich Wolf an meiner aufgequollenen Schulter. Das Team wartete schon. Nach einer Katzenwäsche ging es an den Strand. Hier wollten wir uns mit den eingeborenen Fischern an ihren Booten treffen.
Zumindest dachten wir das, denn selbst ich mit meinen zugequollenen Augen sah, dass die Fischer bereits unterwegs waren.
Mist, wir hatten sie verpasst. Irgendwie hatten wir uns gründlich missverstanden.
Aber es hatte aufgehört zu regnen, das gab uns die Gelegenheit, schon einige Szenen an Land zu drehen, und dann mussten wir auch noch die im Auto vergessene Insektenabwehr organisieren. Über das Handy konnten wir den Häuptling jedoch nicht erreichen. Später erfuhren wir, dass er sofort nach seiner Rückkehr mit seiner Familie für zwei Tage in die nächste Stadt gefahren war. Er musste wohl unser Bestechungsgeld unter die Leute bringen.
Resigniert entschlossen wir uns, auf die Rückkehr der Fischer zu warten. Vielleicht konnten sie uns helfen.
Sie konnten nicht. Niemand, den sie kannten, benutzte ein Moskitonetz. Weshalb auch?
Und eine Uhr hatte auch keiner. Woher hätten sie also wissen sollen, wann 7 Uhr ist?
Zumindest erfuhren wir aber, dass der Häuptling am Sonntag wieder zurück wäre. Das war übermorgen. Also nur noch zwei Nächte mit den Plagegeistern. Ich stimmte seufzend zu. Auf meiner Haut gab es sowieso keinen Platz mehr für weitere Stiche und im Endeffekt waren wir hier, um die Haijäger zu begleiten. Den nächsten Termin mit den Fischern vereinbarten wir pünktlich zum Sonnenaufgang am folgenden Morgen: 6:17 Uhr laut unseren modernen Zeitmessern.

Dass sich am Vorabend niemand von den Fischern um uns gekümmert hatte, schoben wir auf den heftigen Regen. Aber auch an diesem Abend wollte keiner etwas mit uns zu tun haben. Getrennt bereiteten wir unser Lagerfeuer vor und getrennt saßen wir danach vor den Flammen und versuchten, mit Tabakqualm die Moskitos fernzuhalten. Selbst unser Dolmetscher hatte keinen Erfolg mit seinen Kontaktversuchen. Die Atmosphäre zwischen uns war irgendwie vergiftet. Vielleicht würde es nach dem ersten Tag mit ihnen auf dem Meer besser werden.

Frustriert gingen wir zu Bett oder besser gesagt, auf die Isomatte. Die Nacht verbrachte ich vollbekleidet, mit Tauchanzug, Kopfhaube, Handschuhen und Füßlingen. Okay – es war eine tropischheiße Nacht, aber die sechs Millimeter Neopren waren eine sichere Mückensperre. Wenn mir in der Nacht zu heiß wurde, ging ich einfach nach draußen ins Meer. Das half.

Am nächsten Morgen, um 6:17 Uhr, die Sonne ging gerade auf, standen wir wieder allein am Strand. Die Fischerboote waren zwar da, aber von ihren Besatzungen war weit und breit nichts zu sehen. Eine schnelle Kontrolle der anderen Hütten ergab, dass wir alleine waren. Die Fischer waren ausgeflogen. Wer wusste wohin?

Mein Hals wurde nur durch die enge Manschette vor dem Zerplatzen geschützt. Ich war wütend, wir alle waren wütend.

Das war kein Zufall mehr. Offensichtlich gab es ein dickes Problem zwischen den Fischern und uns.

Der gesamte Drehplan der Dokumentation stand damit infrage.

Aber es nutzte nichts. Wir mussten mit dem Häuptling darüber ein ernstes Wort sprechen und notfalls ein anderes Dorf mit kooperationsbereiteren Fischern suchen.

Also machten sich unser Dolmetscher, Wolf und ich auf den Zweistundenweg ins Dorf. Unser Filmteam wollte sich auf keinen Fall von seiner Ausrüstung trennen und blieb deshalb zurück. Vielleicht blieben sie aber auch zurück, weil sie wussten, was ein Fußweg von zwei Stunden in der prallen Sonne bedeutete. Wir fluchten schon nach den ersten paar Metern. Das Dorf erreichten wir auf allen vieren. Das ist natürlich übertrieben, aber wir waren wirklich ziemlich fertig, als wir endlich ankamen.

Als Erstes sah ich unsere Fischer.

Sie saßen vor einer größeren Schilfhütte und begrüßten unser Erscheinen mit lautem Gelächter. Auf den groben Tischen vor ihnen standen Gläser und die Fischer waren sichtbar betrunken. Offensichtlich feierten sie gerade, wie sie die weißen Deppen ausgetrickst hatten.
Aber Betrunkene sagen immer die Wahrheit, also war das hier die Gelegenheit, zu erfahren, weshalb sie uns überhaupt überlistet hatten. Dann hatte ich noch Wolf mit seinen karategestählten Prankenhänden zur Seite. Ich wurde mutig.
Bevor Wolf und Neville mich zurückhalten konnten, setzte ich mich zu den Fischern. Sie tranken mosambikisches Feuerwasser, besser beschrieben als ein farbloses, einheimisch destilliertes Gift in Flaschen und nur zur Tarnung mit einem Gin-Aufdruck versehen. Die Flasche kostete dafür umgerechnet nur 1 Euro.
Den Frauen unter meinen Lesern verrate ich jetzt ein supergeheimes Männergeheimnis, das normalerweise nur bei einer Vollmondnacht von Vätern an ihre Söhne weitergegeben wird. Es lautet: „Wenn Männer lange genug miteinander saufen, verprügeln sie sich entweder oder werden Freunde fürs Leben."

Wir mussten also nur vermeiden, uns zu prügeln und immer wieder Feuerwasser bestellen und uns zuprosten. Nach etwa dreißig Minuten waren wir beste Freunde, nach weiteren dreißig Minuten brachten die Fischer uns einheimische Sauflieder bei und wir ihnen die Volkslieder, die man normalerweise nur in bajuwarischen Bierzelten grölt. Noch mal dreißig Minuten später erfuhren wir, wie sehr sie ihren habgierigen Häuptling hassten, der ihnen nie etwas von dem Bestechungsgeld abgab und dann verschwimmt meine Erinnerung an diesen Tag.
Erst am nächsten Morgen wurde ich aus dem Schlaf gerissen. Pünktlich zum Sonnenaufgang um 6:17 Uhr. Verwirrt riss ich die Augen auf und sah direkt in das grinsende Gesicht eines der Fischer.
„Auf geht`s" übersetzte Neville neben mir, der aus irgendeinem Grund mit Wolfram und mir in der Hütte geschlafen hatte.

„Wir sollen zum Strand kommen, die Boote warten."
Ich sprang auf die Füße, oder versuchte es zumindest. Der Fischer schob das Moskitonetz zur Seite (EIN MOSKITONETZ??) und half mir ins Freie. Unser Filmteam war schon dabei, sein Equipment in einem der schweren Holzboote zu verstauen, und begrüßte mein Erscheinen mit lautem Hallo.
So schnell unsere verzögerten Reaktionen es zuließen, schnappten Wolfram und ich unser Tauchzeug und die Unterwasserkameras. Vor der Tür wurde uns das Gepäck aus der Hand gerissen und von den Fischern in einem zweiten Boot verstaut. Verwirrt taumelten wir hinterher. Neville kam mit Übersetzen kaum nach. Alle Fischer fanden sich ein, um uns einen guten Morgen zu wünschen, und klopften uns dabei freundschaftlich auf die Schultern.
Irgendetwas war gestern passiert und das hatte etwas mit Gin zu tun. Das wenigstens wusste ich noch.
Aber es ging jetzt endlich los.

Trotz des Bestechungsgeldes waren wir anfangs nicht sonderlich willkommen, wie man deutlich sehen kann.

Klingt wie ein lustiger Ausflug?

Ja, zumindest dieser Teil. Aber es sollte eine Expedition werden, die uns emotional bis an die Grenzen bringen würde. Dazu eine passende Gänsehaut-Geschichte im nächsten Kapitel.

Was hatte SHARKPROJECT davon?

Zunächst das Bild- und Filmmaterial, das wir dringend für unsere Finning-Kampagne benötigten. Zu dieser Zeit war Material über Finning rar und teuer.

Und dann unsere Arbeit in Mosambik – SHIVER, so der Titel der Dokumentation, lief viel beachtet im mosambikischen Fernsehen. Produziert wurde es von unseren jungen Engländern und deren Firma SANGUE BOM. Mitgetragen und mitfinanziert von uns und anderen Meeresschutzorganisationen. Die dramatischen Unterwasserbilder und -filme, die wir als Kameraleute bei dieser Expedition machten, waren wichtige Bestandteile dieser Dokumentation, die deutlich aufzeigte, welche Gefahren die zunehmende Jagd auf Haie für den Fischfang und die Gesundheit der Bevölkerung bedeuteten.

Zurück in Deutschland gab es eine eigene SHARKPROJECT-Vortragsreihe „HAIJÄGER" und von Wolfram Koch geschnitten, den dramatischen Kurzfilm „HAIE WEINEN NICHT", der im Internet alle Rekorde brach. Mit unseren Bildern und Filmen über die Haijagd und das Finnen der Tiere hatten wir endlich freies Material für unsere Kampagnen. Kostenlos gaben wir diese Bilder und Filme auch an Meeres- und Haischutzorganisationen aus der ganzen Welt ab. Also rundum ein voller Erfolg. Bezahlt wurde die Expedition aus unserer eigenen Tasche, sodass SHARKPROJECT damit keine Kosten entstanden. Perpetuum mobile – mit Gänsehauteffekt.

Gab es Kontakte zu Regierungsbehörden?

Ja – mehrere. Der wichtigste Termin war neben einem langen Gespräch mit dem Fischereiminister eine intensive Diskussion mit dem Gesundheitsminister. Mit seiner Unterstützung konnten wir Proben der gefangenen Haie einsammeln und in Deutschland auf Methylquecksilber untersuchen lassen. Parallel dazu untersuchten wir auch Gewebeproben von Bewohnern der betroffenen Fischerdörfer. Beides mit dramatischen Ergebnissen.

Die Kosten für die Untersuchungen und wissenschaftliche Aufbereitung übernahm SHARKPROJECT.

Wenn man die Preise für Haiflossen sieht, versteht man die Motivation hinter dem Haifang. Das durchschnittliche Monatseinkommen eines Fischers liegt bei 35 Dollar. Für die beiden Flossen in meiner Hand (rund 1 Kilogramm trocken) bekommen sie bereits fast 20 Dollar. Der indische Aufkäufer im Weiterverkauf circa 60 Dollar, der Großhändler in Taipeh rund 600 Dollar, und im Restaurant in Hongkong kostet die Suppe dann 120 Dollar pro 100 Gramm Einlage = 1200 Dollar pro Kilogramm.

Wurde etwas getan, um die Fischer im Land aufzuklären?

Das gab es schon. Eine einheimische Organisation plante eine Aktion, bei der eingeborene Tauchlehrer, mit Stromerzeuger, Beamer, Laptop und Leinwand die Dörfer besuchten und dort Vorträge über Haie halten sollten. Wir entwickelten dazu einen speziellen Vortrag, ließen ihn ins Portugiesische übersetzen und finanzierten einen Teil der Vortragskosten.

Nach Aussage des Gesundheitsministers wurden die Ärzte in den betroffenen Gebieten angewiesen, dem Thema Methylquecksilber besondere Aufmerksamkeit zu widmen und vor dem zu häufigen Verzehr von Haifleisch zu warnen.

Hat das etwas bewirkt?

In Mosambik nur wenig. Schon ein Jahr später war alles wieder aus dem Fokus der Öffentlichkeit verschwunden. Die Zusage des Fischereiministers, Haie schützen zu wollen, ging in einer lautstarken Parlamentsdebatte unter. Die Lobby der Umwelt-Geschäftemacher hat gewonnen. Auch der Verzehr von Haifleisch in den Fischerdörfern konnte nicht wirklich eingedämmt werden. Es fehlte schlicht und einfach das Geld und das Interesse.

Was man lernen muss und was wir gelernt haben: „Das Hemd sitzt näher als der Rock." Heißt übersetzt: „Zunächst einmal habe ich Hunger. Erst danach kommen andere Dinge."

Aber das ist ein eigenes Thema, das ein eigenes Buch braucht. Vielleicht schreibe ich es mal.

Für mich persönlich war diese Expedition auf jeden Fall ein Meilenstein im Verstehen von Zusammenhängen. Und ein emotionaler Höllenritt dazu.

Als aus dem Planktonwirbel der kleine Tigerhai auf mich zuschoss, wusste ich noch nicht, dass die folgenden Ereignisse mir bis heute Albträume verursachen würden. Der Tod des kleinen Haiswurde zu einem meiner emotionalsten und ergreifendsten Erlebnisse.

Ein HAILIGHT der anderen Art

Einen Gänsehautmoment gab es, als einer der Haie noch lebte. Der kleine Tigerhai versuchte vergeblich, sich zu befreien. Wir kamen leider zu spät und konnten nicht mehr tun, als sein Leiden zu dokumentieren und damit Hunderttausende von Menschen zu Tränen zu rühren. Siehe den Youtube-Film „Haie weinen nicht!“.

HAIE WEINEN NICHT!

10

Wie ich im vorigen Kapitel erzählt habe, waren die eingeborenen Haijäger und wir nun ein Herz und eine Seele. Wir durften mit ihnen fahren. Was wir dabei zu sehen kriegen würden, waren Haie. Tote Haie mit abgeschnittenen Flossen. Haie am Haken. Haie bzw. Rochen, die totgeknüppelt wurden oder bestenfalls schon erstickt an der Longline hingen.

Wenn man solche Bilder im Vorfeld bespricht, graust es einen als Haischützer, doch dann tröstet man sich. Schließlich passiert es x-tausendfach pro Tag, überall auf der Welt. Die Tiere werden nicht wegen uns getötet. Aber ihr Tod – von uns dokumentiert – soll viele Menschen weltweit dazu bringen, Mitleid zu haben. Und Mitleid ist der erste Weg zum Schutz der Tiere. Mitleid ist eines der wirksamsten Werkzeuge, um die Angstmauer aufzubrechen, die zwischen Haien und Menschen besteht.

Alles ziemlich logisch, aber schlimm, wenn man die Bilder dazu machen soll. Das war uns klar, nur so drastisch hatten wir es uns nicht vorgestellt.

Wir hatten bereits durchaus böse Bilder und Filme im Kasten. Wir hatten zugesehen, wie die Fischer bis zu fünf Haie pro Tag einholten, am Strand finnten und anschließend verarbeiteten. Der Ablauf war immer gleich. Wir fuhren auf ihren Ruderbooten mit hinaus. Fast eine Stunde schweißtreibenden Ruderns bis zur am vorigen Tag ausgelegten Longline. Die hing zwischen zwei verankerten Bojen. Alle fünf Meter war ein kurzes Stahlseil, ein sogenanntes Vorfach, befestigt. Am Ende ein Spezialhaken mit Fischstücken. Der Haken war so gebogen, dass die Haie, einmal angebissen, sich nicht selbst wieder befreien konnten. Alles in allem eine handliche Abart der großen Longlines, die von Fischerbooten auf der Hochsee ausgelegt werden. Die sind bis zu 300 km lang und mit x-Tausenden von Haken versehen.

Unsere kleine Version war nur 200 Meter lang und hatte nur 18 Haken, aber die reichten aus. Jeden Tag hingen etwa fünf Haie daran. Nach einer Woche hatten wir alle Haiarten gezählt, die es hier gibt – oder besser gesagt, die es hier gab. Meist waren die Haie tot; bewegungslos an der Leine erstickt. Nur manches Mal mussten die Fischer die Tiere noch töten. Dazu benutzten sie einen eisenbeschlagenen Knüppel. Sie töteten die Tiere nicht aus Mitleid. Mitleid mit ihrem Fang kannten unsere Fischer genauso wenig wie ihre Kollegen auf den Hochseebooten, die Haie bei lebendigem Leib die Flossen abschneiden. Nein – der Grund war ziemlich simpel. Ein lebender Hai mit gut drei Metern Länge hätte ihr Boot zertrümmert. Also wurde er noch im Wasser totgeknüppelt.

Tut mir leid für alle empfindsamen Gemüter, aber weshalb ich das so quälend ausführlich erzähle, wird gleich klar werden.

Wir hatten uns für den heutigen Tag vorgenommen, früher hinauszufahren, und noch bevor die Fischer kämen, die Longline entlang zu tauchen. Dazu hatten wir uns ein kleines Motorboot gemietet. Lange vor Sonnenaufgang waren wir unterwegs. Wolfram, unser Mann fürs Abenteuer, führte uns mit seinem GPS-Gerät punktgenau zur Longline.

Bei Sonnenaufgang zogen wir uns an, prüften unsere Ausrüstung und die Kameras, und sobald die ersten Sonnenstrahlen das Meer erhellten, glitten wir ins Wasser. Dunkelgrünes Dämmer und ein dichter Planktonwirbel empfingen uns. Es war nicht sehr tief an dieser Stelle, kaum 12 Meter, und die Sicht war mehr als mies. Die Wellen und eine mittelstarke Strömung mischten Sand und Plankton zu einem wirbelnden Nebel, der Konturen verwischte und uns permanent Phantombilder vorgaukelte. Es war nicht leicht, dabei die Leine im Auge zu behalten. Zur besseren Orientierung untereinander, schalteten wir unsere Unterwasserlampen ein.

Besonders dramatisch unsere morgendlichen Tauchgänge entlang der Longline. Vorbei an erstickten Haien verschiedener Arten.

Im Licht meiner Lampe sah ich den ersten Hai. Er lag tot am Boden. Sein lebloser Körper rollte im Rhythmus der Wellen hin und her. Ich fotografierte und machte dann Platz für Wolfram mit seiner Filmkamera. Langsam folgte ich der Leine weiter. Der nächste Haken war leer. Am Köder fraßen einige kleinere Fische. Noch ein paar Bilder und weiter. Unbemerkt hatte ich mich dabei ziemlich weit von Wolfram entfernt. Seine Lampe war nicht mehr zu sehen. Aber er musste bald nachkommen. Ich entschloss mich, auf ihn zu warten.

Da kam plötzlich etwas Großes aus dem Halbdunkel auf mich zugeschossen. Instinktiv riss ich mein Kameragehäuse hoch. Es gab einen beachtlichen Bums. Das musste ordentlich wehgetan haben. Bevor ich weiter reagieren konnte, raste der Hai an mir vorbei und verschwand im grünen Dämmer hinter mir. Er war noch jung, das sah ich. Die Art konnte ich nicht erkennen.

Wenige Sekunden später kam er wieder. Ziemlich genau von der gleichen Stelle her. Dieses Mal war ich aufmerksamer. Ich wich aus und konnte mir den kleinen Hai während des Vorbeischwimmens ansehen. Es war ein junger Tigerhai. Mit geschätzten 100 Zentimetern Länge fast noch ein Baby. Und dann wurde mir klar, weshalb er an derselben Stelle wieder aufgetaucht war. Er hing an der Longline. Deutlich sah ich den Haken aus dem Maul ragen. Das kurze Vorfach zwang ihn, permanent einen engen Kreis zu schwimmen, wenn er nicht ersticken wollte. Gut für ihn, dass er noch so klein war.

Für seine größeren Artgenossen hätte dieser begrenzte Spielraum nicht ausgereicht. Schon kam er wieder und raste direkt auf mich zu. Deutlich zu sehen, der Kleine war in heller Panik.
Bis Wolfram kam, schoss ich noch einige Fotos, die zu den dramatischsten gehören, die ich je gemacht habe. Endlich kam Wolfram und war genauso geschockt wie ich. Gemeinsam beschlossen wir, das Tier zu befreien. Ich hatte auf den Bahamas schon einmal einen Haken aus dem Maul eines Zitronenhais gehebelt, aber damals hatte ich ein spezielles Werkzeug dabei. Trotzdem versuchten wir es. Natürlich klappte es nicht. Das Einfangen anfangs schon. Wolfram hielt den Kleinen am Schwanz fest. Ich wollte ihn auf den Rücken drehen, konnte ihn jedoch nicht fixieren. Trotz seiner 100 Zentimeter war der kleine Tigerhai ein nicht zu haltendes Muskelbündel. Wild biss er um sich. Uns blieb nichts anderes übrig, als ihn wieder loszulassen. Nicht schlimm – wir wussten, gleich würde er wieder kommen. Dann würden wir es einfach noch einmal versuchen.
Doch er kam nicht. Unsere Fischer waren inzwischen angekommen und zogen die Leine mit dem kleinen Tiger nach oben.
Es dauerte leider eine Weile, bis wir das registrierten, dann tauchten wir jedoch sofort auf, um die Fischer zu bitten, den Kleinen zu befreien. Wir kamen zu spät. Noch unter Wasser hörten wir die Schläge mit dem Knüppel.
Uns war beiden schlecht und wir beschlossen, den Tauchgang abzubrechen. Als wir unsere Ausrüstung wieder im Boot hatten, waren auch die Fischer mit der restlichen Leine fertig. Mit einem sehnsüchtigen Blick auf unseren Motor ruderten sie an uns vorbei. Wir schleppten sie natürlich mit zurück und nahmen gleich die Gelegenheit wahr, dabei auf ihr Boot umzusteigen, um den kleinen toten Tigerhai nochmals anzuschauen. Einer der Fischer hielt ihn uns triumphierend entgegen. Auf unsere Frage, warum sie so einen kleinen Hai fangen würden, schaute er uns nur ungläubig an. „Fisch ist Fisch", übersetzte Neville.
Wir hatten unsere Frage eigentlich auf die Flossengröße bezogen. Welcher Händler würde für die paar Zentimeter Haiflosse Geld bezahlen? Aber wir hatten uns getäuscht. Die Babyhaiflossen sind gerade wegen ihrer Kleinheit begehrt. „Besonders zart!", übersetzte Neville.

Die taglichen Fangfahrten der einheimischen Fischer – eine Tortur für Haischützer, aber lebensnotwendig für unsere Fischer, die täglich um das Überleben ihrer Familie kämpfen .

Wir hatten genug und stiegen wieder in unser Motorboot. Viel sprachen wir während der restlichen Fahrt nicht. Wir waren traurig und zornig.
Doch es war noch nicht zu Ende.

Als wir ankamen, sprang ich vom Boot und brachte meine Kamera in den Schatten. Die Fischer luden ihren Fang aus. Wolfram begleitete mit seiner Filmkamera jeden Handschlag der Fischer. Besonders der Tiger hatte es ihm angetan. Er wollte aus dem Fang des kleinen Hais eine ganz außergewöhnliche Geschichte machen. Die Menschen werden weinen, sagte er mir, während die Fischer dem kleinen Hai mit raschen Schnitten die Flossen abtrennten. Den Körper warfen sie zur weiteren Verwendung einfach auf den Sand.
Entsetzt schrien wir beide auf. Der Kleine atmete nämlich wieder, d.h. mit weit aufgerissenen Augen begann er, hektisch mit den Kiemen zu pumpen. Er lebte. Ohne Flossen war das Tier jedoch zum Tode verurteilt. Zu retten war er nicht mehr.
Was konnten wir jetzt tun? Sofort töten oder seinen Kampf noch einige Sekunden lang begleiten? Wir entschieden uns fürs Töten. Während Wolfram mit versteinerter Miene seine Kamera auf das Tier hielt, watete ich zum Ruderboot, um dort nach dem Knüppel zu suchen. Das Tier mit einem Messer zu erstechen, ging für mich gar nicht.

Und das alles für umgerechnet rund 3,50 Euro für die winzigen Flossen.

Als ich zurückkam, hatte Wolfram Tränen in den Augen. Ich kurz danach.

Die Fischer hatten uns kopfschüttelnd und völlig ohne Verständnis zugesehen und noch während wir versuchten, uns wieder zu fassen, warfen sie den den von mir getöteten Hai neben seine inzwischen ebenfalls gefinnten Artgenossen ins flache Meer. „Hält frisch!", übersetzte Neville.

Wir nahmen unsere Kameras und dokumentierten den flossenlosen Hai auf dem Meeresgrund. Fotos und Filme, die wir heute noch nutzen, um die Grausamkeit der Flossenjagd anschaulich zu zeigen. Den Ausdruck „HAILIGHT" für eine solche Geschichte zu gebrauchen, ist mehr als böse. Also ändere ich den Begriff für diese Geschichte in „HELL-LIGHT". Das passt deutlich besser.

Was waren die Tigerhai-Flossen in Geld wert?

Umgerechnet 1,50 Euro zahlte der chinesische Aufkäufer für die Handvoll Flossen. Nicht viel im Gegenwert für ein Haileben. Aber für unsere Fischer bedeutete das für einen ganzen Tag Nahrung für die Familie. Die Bösen sind nicht die bettelarmen Haijäger in Mosambik, sondern vielmehr diejenigen, die am Ende der Kette stehen. Menschen, die viel Geld ausgeben, um eine nach Hühnerbrühe schmeckende Knorpelsuppe zu essen. Ohne sie gäbe es keine Nachfrage und ohne Nachfrage kein Finning.

Kann man die Bilder und den Film einmal sehen?

Ja – hier im Buch per QR-Code, auf unseren Vorträgen und jederzeit im Internet. Nachfolgend findet ihr einen QR-Code und darunter der Direktlink zu Wolframs Film „Haie weinen nicht.“ Aber Achtung: Nichts für schwache Gemüter.

Wie viele Haie werden von den Fischern pro Jahr in Mosambik gefangen?

Einfach zu rechnen. Durchschnittlich 5 am Tag, 6 Tage die Woche x 52 Wochen = 1.560 Haie. Rund 200 dieser Haifang-Gemeinschaften gibt es geschätzt in Mosambik. Summa summarum also circa 312.000 Haie.

Klingt viel. Ist auch viel. Aber ein Klacks gegen die Fangschiffe der EU, die vor der Küste Mosambiks auf Fang gehen. Da kommen die Fischer nicht annähernd mit.

Was bedeutet es für Mosambik, wenn die Haie verschwinden?

Die Ausrottung der Haie durch die internationalen Fangschiffe vor der Küste und die einheimischen Fischer an der Küste setzen einen dramatischen Kreislauf in Gang.

Wenn die Haicamps das Gebiet leergefischt haben und weiterziehen, hinterlassen sie eine ökologische Wüste. Die Fangmengen an normalen Speisefischen gehen signifikant zurück, wenn es keine Haie mehr gibt. Das zeigen auch internationale Studien. Der weltbekannte Schriftsteller Frank Schätzing (Der Schwarm) hat in seinem ergänzenden Buch „Nachrichten aus einem unbekannten Universum“ einen starken Vergleich gefunden, um dieses Phänomen zu erklären. Wer Lust hat, kann einfach mal ins Video reinschauen oder es sich von uns erklären lassen. Es sind übrigens viele der Argumente und Bilder in dem Hai-Kapitels seines Buches von SHARKPROJECT.

Link zu dem Film:
„Haie weinen nicht“

Abenteuerurlaub mit Gerhard!
Gastbeitrag von Wolfram Koch

Mit Wut in den Augen und wild mit einer Machete fuchtelnd, stürmte der muskelbepackte, schwarze Hüne auf uns los als sich unser Boot dem Ufer näherte. Unser Kapitän stoppte das Boot in sicherer Entfernung und zwischen dem Wüterich am Strand und unserem Dolmetscher begann sofort eine lautstarke Diskussion. Ich schüttelte nur den Kopf. Wo war ich nur wieder hineingeraten? Und warum hatte ich mich von Gerhard zu dieser Reise überreden lassen?

Dabei hatte der Trip nach Mosambik so ruhig begonnen. Am Flughafen Frankfurt war Gerhard pünktlich am Treffpunkt aufgetaucht. Ich musste grinsen. Genau wie ich war er mit breitkrempigem Hut und Outdoor-Klamotten eine ganz brauchbare Indiana Jones Interpretation auf dem Weg zu neuen Abenteuern. Aber wir hatten uns auch einiges sehr Abenteuerliches vorgenommen. Volle zwei Wochen wollten wir mit mosambikanischen Haifischern verbringen und ihre Arbeit dokumentieren. Dazu kamen Interviews mit Politikern und Meeresforschern. Meine Ausrüstung war dementsprechend. Allein die Unterwasserkamera mit Gehäuse und Lampen wog stolze 19 Kilogramm. Dazu Tontechnik, Unterwasserausrüstung und den Rest, den wir für eine solche Expedition brauchten. Ich war gespannt, was uns erwarten würde. Wie würden uns die einheimischen Fischer aufnehmen? Wir hatten zwar über unseren Kontakt in Mosambik alles im Vorfeld geklärt, doch die Realität ist manches Mal sehr viel anders. Doch mit solcher Ablehnung hatte ich nicht gerechnet. Nelson, so hieß der schwarze Hüne, stürmte sofort Machete schwingend auf uns los, als wir das erste Mal das Dorf betreten wollten. Er wollte uns nicht im Camp haben und das machte er sehr deutlich. Dabei war ich nur die Vorhut. Gemeinsam mit unseren Kameraleuten, Chris und Dave, und Neville, unserem Übersetzer, sollte ich die restlichen Details klären, bevor wir alle mit dem Gepäck kommen würden. Gerhard war noch im Hauptcamp geblieben, um mit Markus das Equipment zu verpacken und nochmals alle Checklisten-Punkte zu überprüfen. Ich dachte nur: „Typisch, immer wenn es um Machete schwingende Typen geht, drückt sich Gerhard“. Das war zwar ungerecht, aber dieser wütende Hüne am Ufer war einfach zu viel.

Wie wir es schließlich schafften, ihn zu überzeugen, hat Gerhard in dem obigen HAILIGHTS-Kapitel erzählt. Doch nicht alles, was wir in diesen Wochen erlebten, passt in eine solche Geschichte hinein. Es war eines jener Abenteuer, über die man nächtelang am Lagerfeuer erzählen kann. Wir wurden auf dieser Expedition angefeindet, bedroht, verhaftet, und mehr als einmal hatten wir nur Glück, dass nichts Schlimmeres passierte. So zum Beispiel, als wir zum Ende der Expedition – entgegen aller Warnungen unserer einheimischen Führer – den berüchtigten „Strand des Todes" aufsuchten. Hier sollten Mantas gefinnt werden und die Fischer dort hatten einige Wochen zuvor, ein englisches Kamerateam mit Macheten vom Strand verjagt. Fotografen, Filmer und besonders Journalisten und Meeresschützer waren von den dort lebenden Fischern mehr als unerwünscht. Und nun kamen wir. Zwar sehr vorsichtig, aber wir kamen. Um sofort fliehen zu können, entschieden wir uns, den Strand mit unserem Allradjeep anzufahren. Unser genialer Fahrer schaffte es jedoch, unser Fluchtfahrzeug knietief im Sand zu vergraben. Direkt neben den Fischerbooten. Super!
Wie uns die berüchtigten Fischer aus dieser Misere heraushalfen und was danach geschah, ist ausreichend Stoff für ein weiteres HAILIGHTS-Kapitel.

Vielleicht sehen wir uns einmal an einem Lagerfeuer. Dann erzähle ich es euch gerne. Aber vielleicht schreibt Gerhard ja auch ein weiteres HAILIGHTS-Buch. Stoff gäbe es sicher genug. Und wenn er wieder mal auf eine Expedition geht, bin ich auf jeden Fall dabei. Wir beide sind ein verdammt gutes Team.

Ein HAILIGHT meiner Kinderjahre waren die Hammerhaie von Cocos Island. Der Film mit Lotte und Hans Hass war mein erstes Erlebnis mit der Welt unter Wasser. Ein wirklich nachhaltiges Erlebnis, dass mich für die Unterwasserwelt begeistert hat und damit einer der Gründe für meine Arbeit als Haischützer ist

In dieser Zeit wurde meine Leidenschaft für Wasser und Unterwasser geweckt. „Schuld" daran waren Fernsehsendungen mit Lotte und Hans Hass.

KINDERTRÄUME

| 11

Obwohl meine Frau bei mir schon immer Anzeichen einer gewollten Demenz feststellt (d.h. ich vergesse fast sofort Personen und Dinge, die mich nicht interessieren), produziert mein Kopf dagegen völlig problemlos Bilder aus meiner Kindheit.

Lederhosen waren in den 50er Jahren für Jungs normal. Hier – ganz rechts – habe ich auch noch kein Problem damit. Aber warum musste ich die Dinger bis zu meinem 11. Lebensjahr tragen? Das war nicht cool!

Ich sehe mich heute noch in meinen aus ganzem Herzen gehassten Lederhosen, die damals – in den 50er Jahren des letzten Jahrhunderts (Oh Mann!) diejenigen Jungs tragen mussten, deren Eltern kein Geld für die gerade aufgekommenen lässigen Jeans hatten, die von den wirklich coolen Jungs getragen wurden.
Und ich sehe mich abends aus dem kombinierten Ess- und Kinderzimmer schleichen, das ich in den Nachtstunden mit meinem großen Bruder teilen musste. Der war mit seinem Moped unterwegs, in irgendeiner Kneipe Girls aufreißen, und ich musste um sieben ins Bett. Das hasste ich noch mehr als meine Lederhosen. Nicht, dass ich bei den Mädels nicht dabei war, sondern dass ich abends Fernsehverbot hatte. Dabei hatte mein technikverliebter Vater damals das neueste Fernsehmodell. So neu, dass sogar die Nachbarn zu den wöchentlichen Unterhaltungssendungen mit Kulenkampff kamen. Aus meiner Sicht hätte es eine Nummer kleiner auch getan. Das gesparte Geld hätte ich in Jeans gesteckt. Aber das habe ich überlebt. Nicht überlebt hätte ich jedoch das Fernsehverbot. Also wartete ich in meinem Bett auf die Schlussmelodie der Tagesschau und schlich dann in den Flur. Durch einen schmalen Spalt konnte ich heimlich einen Großteil des Bildschirms überblicken. So sah ich auch eines Abends das erste Mal einen Hans Hass-Film. Ich sehe es noch deutlich vor mir, wie Lotte auf der Suche nach dem verschollenen Schatz der Isla de Cocos in eine Unterwasserhöhle tauchte und nicht mehr herauskam. Überall waren Haie. Ein Tigerhai attackierte sie immer wieder.

Lotte und Hans Hass und ihr Forschungsschiff XARIFA waren für mich als Kind der Inbegriff von Freiheit und Abenteuer. Die Bilder und Eindrücke der Welt unter Wasser prägen mich bis heute.

Die Luft wurde knapp und als der Hai auf sie zuschoss und ich vor Schreck aufschrie, wurde ich erwischt. Erst Jahre später konnte ich bei einer Wiederholung verfolgen, wie Hans Hass die Haie verscheuchte und seine Frau in letzter Minute rettete.
Bis dahin hatte ich das aber auch alles schon tausendmal geträumt. In den Nächten war ich mit Hans Hass getaucht und hatte haarsträubende Abenteuer mit Haien erlebt. Die Begeisterung fürs Tauchen und für Haie ließ mich nicht mehr los. Den Grundstein legte ein einziger Film von Hans Hass. Mit Haien zu tauchen und einmal in meinem Leben Hans Hass zu treffen, wurde zum Lebenstraum. Darüber handelt diese Geschichte.

Das Tauchen kriegte ich selbst auf die Reihe. Mit knapp 20 Jahren machte ich meinen ersten Tauchschein auf Gran Canaria, abenteuerliche Tauchgänge ohne die heutige Überlebenstechnik, und ich erlebte später die Unterwasserwelt, wie ich sie mir immer vorgestellt hatte. Wir haben früh geheiratet und meine Frau begleitete mich auf vielen Tauchreisen. So gehörten wir zu den ersten Malediven-Touristen, tauchten im Roten Meer, in Mexiko und so weiter. Später machte ich meinen Tauchlehrerschein und Karriere in der Werbung. Wunschkinder kamen und alles war perfekt, bis sich die Hormone einmischten. Damit beginnt dieses Buch.
Ein Lebenstraum war noch offen. Einmal Lotte und Hans Hass treffen! Jetzt kommt Tina ins Spiel. Ich habe ja schon von dem unvergesslichen Mammutvortrag in Gablitz erzählt. Hier traf ich das erste Mal meine Helden. Leider viel zu kurz. Es reichte nur für eine Begrüßung und wenige Worte. Aber genug für eine anhaltende Gänsehaut bei mir.
Die steigerte sich noch, als mich Tina am Morgen nach dem Vortrag weckte. Ich solle sofort aufstehen, Hans Hass würde mich erwarten. Er wolle mit mir sprechen, sagte sie am Telefon.
Dann sagte sie noch, ich solle mich beeilen. Sie würde unten warten. Meine Güte! In Rekordzeit war ich unten, aufgeregt wie ein kleines Kind. Tina erzählt heute noch mit größter Freude, wie ich nervös im

Auto herumzappelte und versuchte, einen Witz zu Ende zu erzählen. Sie hatte gut lachen, ich stand kurz davor, meinen Helden zu treffen, und das Adrenalin in meinem Körper entsprach einer Begegnung mit einem sechs Meter Hai.
Professor Hass erwartete uns in seinem Büro. Damals war er schon weit über die Achtzig, etwas gebückt und zerstreut, aber dann fing er an, von der XARIFA zu erzählen, von seinen Reisen und Erlebnissen. Und ich war wieder der kleine Bub in Lederhosen, nur saß ich dieser Mal in der ersten Reihe.

Lotte und Hans Hass auf der „boot" in Düsseldorf 2004.

Es war ein unvergessliches Treffen, dem noch viele weitere folgen sollten. Lotte und Hans Hass besuchten unseren Messestand mehrmals auf der „boot" in Düsseldorf. Eine ihrer Signierstunden an unserem Stand brachte damals fast die ganze Messe zum Erliegen.
Einer ihrer Messebesuche bei uns bescherte mir auch eine späte Rache für die Lederhosen meiner Kindheit. Dazu muss ich erwähnen, dass meine Mutter mir einmal verraten hatte, wie „sexy" sie seinerzeit den meist Badehose tragenden Naturfilmer gefunden hatte. Als ich Hans und Lotte vom Hotel abholte, fragte ich ihn, ob ich auf dem Autotelefon kurz meine Mutter anrufen dürfe. Ich stellte auf Lauthören und fragte sie vor Hans Hass, wieso sie ihn damals so „sexy" gefunden hatte. Sie antwortete begeistert, bis Hans mir kopfschüttelnd den Hörer aus der Hand nahm und sich vorstellte. Es dauerte eine Woche, bis meine Mutter wieder mit mir sprach. Erst als ich ihr ein persönliches Autogramm mitbrachte, taute sie wieder ein bisschen auf. Gut, es war sicher ein wenig gemein, aber schließlich galt es, viele peinliche Jahre mit Lederhosen auszugleichen.
Aus den ersten Treffen entstand bald eine Freundschaft. Hans Hass war eine starke und prominente Hilfe bei unserer ersten Finning-Kampagne und jedes Mal, wenn ich einen Vortrag in Wien hatte, waren er und Lotte dabei.

Ein besonderes Erlebnis hatte ich bei der Präsentation meines ersten Romans „FINNING“. Die Vorstellung war anlässlich eines Vortrages im Naturhistorischen Museum in Wien. Gott und die Welt waren gekommen und natürlich Hans und Lotte. Nach dem Vortrag gab es Wein und Brezeln im Café des Museums und dazu eine druckfrische Ladung des Romans. Und dort geschah es. Hans Hass bat mich um ein Autogramm. Er … bat mich!
Das Foto – selbstverständlich von Tina festgehalten – habe ich seitdem immer bei mir.
Sein Tod riss, wie später der von Lotte, eine tiefe Wunde. Ihre Verbundenheit über den Tod hinaus bewiesen sie mit dem Hinweis in den Todesanzeigen, statt Blumen lieber eine Summe an SHARKPROJECT zu spenden.

Einer der ganz besonderen Momente in meinem Leben. Anlässlich der Buchpräsentation von „FINNING“ im Wiener Naturhistorischen Museum bat mich mein Idol um ein Autogramm!!!

Nach dem Tod von Lotte rief mich Frau Dr. Meta Raunig-Hass an, die Tochter von Lotte und Hans Hass. Im Namen ihrer verstorbenen Eltern überließ Meta SHARKPROJECT die Andenkensammlung ihrer Eltern. Exotische Götterfiguren, Muscheln, eine Fächersammlung von Lotte, persönliche Gegenstände von den Schreibtischen der beiden, für die beiden signierte Bücher von prominenten Zeitgenossen und vieles, vieles mehr bis hin zu dem abgetrennten Teil eines Schiffsrumpfes, dessen Geschichte Hans Hass in seinem Buch und dem gleichnamigen Film „Abenteuer im Roten Meer“ beschreibt. Erscheinungstermin des Films war mein Geburtsjahr – 1951. Wenn das kein Omen war! Den Rumpf musste ich haben, selbst auf die Gefahr hin, mein Wohnzimmer vergrößern zu müssen.
Alle Andenken gingen in zwei Versteigerungen – eine auf der Messe „boot“ in Düsseldorf und die zweite natürlich in Wien, im Naturhistorischen Museum. Insgesamt 40.000 Euro erzielten wir damit für unsere Arbeit, und viele Fans von Lotte und Hans Hass nahmen

einen persönlichen Gegenstand mit nach Hause, der sie immer an die beiden erinnern wird.
Ich auch! Der Schiffsrumpf war zwar zuletzt das teuerste Stück der Sammlung, aber ich konnte nicht anders.
Dass meine Frau mir danach die Jeans wegsperrte und dafür eine kurze Lederhose kaufte, nehme ich nicht persönlich.
Zum einen sehe ich den Schiffsrumpf jeden Tag vor mir und zum anderen kann ich die Lederhose gut brauchen für meinen jährlichen Männerausflug zum Oktoberfest in München. Da passt es wieder!

Aber Spaß beiseite. Der Tod der beiden riss eine unglaubliche Lücke. Für mich war nichts mehr wie vorher. Bei Vorträgen erzähle ich gerne von einer Zeit, als Tauchen noch etwas völlig Exotisches war und keiner wusste, was ihn unter Wasser erwarten würde. Dieses unbekannte Universum für die ganze Welt, und so ganz nebenbei auch für einen Buben in Lederhosen, aufgeschlossen zu haben, ist eine der wichtigsten Taten von Lotte und Hans Hass.

Die Bekanntschaft und Freundschaft mit ihnen bleibt etwas ganz Besonderes für mich.

Vorausgeschickt sei: Natürlich wusste ich, wer Hans und Lotte Hass waren – sie hatten in meinem Leben allerdings bis zu dem Tag, als sie das erste Mal zu einem unserer Vorträge kamen, keine besondere Rolle gespielt. Ich hatte sie eingeladen, weil Gerhard ein großer Fan war und auch sonst viele Menschen sicher Freude hätten.

Nach besagtem Vortrag in Gablitz kam Hans Hass zu mir und erklärte mir, dass ihm der SP-Vortrag aus der Seele gesprochen habe. Er habe sich viele Jahre lang mit Haien und der Angst der Menschen beschäftigt, bevor er sich der Energon Theorie gewidmet hatte. Aber der heutige Abend habe ihm die Wichtigkeit des Themas wieder vor Augen geführt.

Er wolle die Vortragenden, v.a. Gerhard näher kennen lernen und ich möge doch am kommenden Tag mit ihm ins Büro in die Sonnenfelsgasse kommen.

Gesagt getan. Zwar hatte ich im Trubel des Abends vergessen, Gerhard zu sagen, dass wir morgens einen Termin hatten, aber bis dahin war ja noch Zeit. Es galt, den tollen Abend zu genießen und mit den Gästen anzustoßen, und so wurde es spät.

Umso größer war die Hektik bei Gerhard, als es morgens zu besagtem Termin in das Büro von Hans ging. Gerhard und seine Witze … und dann noch mega nervös. Den ganzen Weg bis in die Innenstadt zappelte er auf dem Beifahrersitz wie ein Schuljunge und ließ gefühlte 25 Mal die Bücher fallen, die er mitgenommen hatte, um sie signieren zu lassen. Als wir am Büro ankamen, hatte die Nervosität ihren Höhepunkt erreicht.

Wir gingen in den mit unzähligen Bücherregalen gefüllten Raum und durften uns setzen. Es war skurril. Uns gegenüber saß ein alter Mann, der mit seinem Diktiergerät hantierte, auf dem er sich Fragen vorbereitet hatte. Wir warteten gespannt und schon wenige Minuten später startete ein richtiges Interview. Hans wollte alles wissen. Wer sind Sie, woher kommen Sie, was haben Sie studiert, wie kommen Sie auf die Idee, Haischutz zu machen, und und und …

Nachdem alle Fragen ausreichend erläutert worden waren, begann Hans zu erzählen. Und binnen weniger Momente nahm er uns mit auf die Xsarifa, nach Cocos und auf seine unzähligen Expeditionen. Nun war auch ich im Bann und verstand zum ersten Mal Gerhards Bewunderung. Hans legte seine Sicht der Dinge betreffend Haischutz dar und endete mit den Worten: Wir werden euch unterstützen wo immer wir können. Und das taten er und seine Frau Lotte die nächsten Jahre.

Ich hatte noch einige Male Gelegenheit, ihn und auch Lotte zu treffen. Sie besuchten fast alle unsere Vorträge und wann immer wir Hilfe brauchten, waren die beiden für uns da. Als Schirmherrn für unsere Kampagnen und auch mit Rat und Tat.

Aber dieses erste Treffen war etwas Besonderes. Nicht nur durfte ich Gerhard einen echten Herzenswunsch erfüllen, sondern auch ich konnte fortan die Faszination und Hochachtung für die beiden Tauchpioniere teilen.

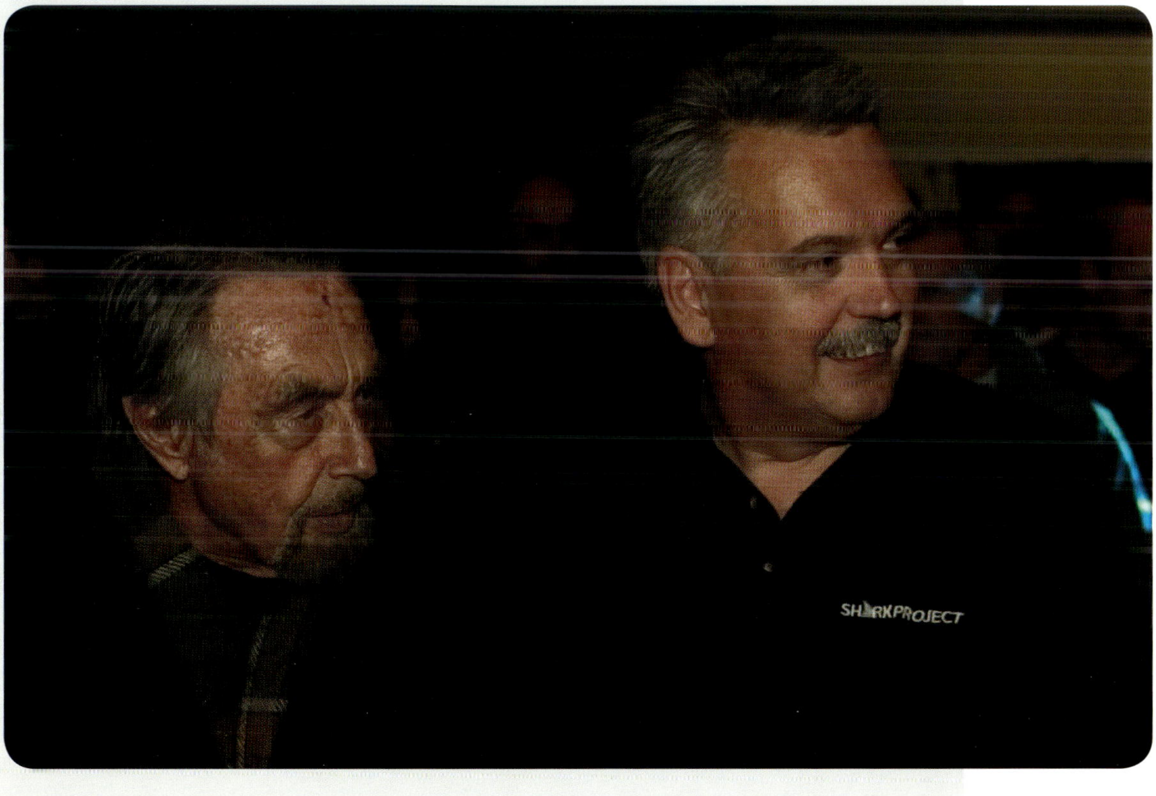

Ich hatte schon im vorherigen Kapitel erwähnt, dass der Cocos-Film von Lotte und Hans Hass mich als Kind so begeistert hat. Diesen legendären Tauchplatz einmal zu besuchen, war immer ein Traum von mir. Dass mein Sohn mitkommen wollte, war ein zusätzliches Leckerli.
Doch es sollte anders kommen, als geplant.

Das war unser Vater-/Sohn-Traum. Eine Schatzinsel, eine Dusche unterm Wasserfall und Hammerhaie bis zum Abwinken.

ABENTEUER MIT DER FINNING-MAFIA

| 12

Das war's dann wieder mit der Chronologie. Ich springe mit dieser Geschichte sogar wild in den Jahren hin und her, denn dieses HAILIGHT besteht aus vielen Unterkapiteln und ist im Grunde bis heute nicht abgeschlossen. Ich habe unglaublich viel in und wegen Costa Rica erlebt, darunter ziemlich dramatische Dinge, und hatte auch mehrmals richtig Angst. Nicht so kurze Schauer, wie nach einem Horrorfilm, sondern im Gegenteil: endlose schlaflose Nächte.
Apropos Angst. Ich werde nach Vorträgen oft gefragt, ob ich denn niemals Angst hätte.
Hiermit gestehe ich: Ich bin ein emotionaler Zwitter und schwanke stark zwischen kopf- und bauchgesteuerten Handlungen. Im ersten Fall bin ich übervorsichtig, überlege mir alle möglichen Konsequenzen und bin lieber mit drei Sicherheitstauchern im Wasser als mit einem. Im zweiten Fall ist das etwas anders. Meist bin ich mutig, wenn ich so richtig wütend auf etwas oder jemanden bin. In solchen Fällen ist es mir egal, ob ich mich mit einem Discounter oder der Mafia anlege. Und obwohl mein Kopf auch in solchen Situationen noch im Rennen ist, pfeife ich dann auf mögliche Konsequenzen und Risiken.
Darüber handelt diese Geschichte.

Endlich einmal ein Urlaub, ohne für SHARKPROJECT unterwegs zu sein! In den letzten Jahren hatten wir als Familie unsere Urlaube immer den Erfordernissen der Organisation angepasst. Wenn es auf den Malediven brannte, machten wir halt „Urlaub" auf den Malediven. Brauchten wir Bilder von Weißen Haien, reisten wir nach Südafrika. Bei einer rein ehrenamtlichen Organisation wie SHARKPROJECT, die kein Reise- und Spesenkonto hat, ging das auch nicht anders.
Deshalb war diese Reise etwas ganz Besonderes. Ich war unterwegs nur zum Tauchen und nur begleitet von meinem Sohn.
Eine reine Vater- und Sohn-Reise zu einem Traumziel für Taucher.

Über die Isla de Cocos, einsam im Pazifik gelegen, erschienen damals in den Tauchmedien die ersten Berichte. Schulen mit Hunderten von Hammerhaien sollten dort zu sehen sein und eine unberührte Unterwasserwelt, die sich seit dem Besuch von Hans Hass kaum verändert hatte. So zumindest die werbliche Beschreibung.
Die Isla ist kein einfaches Tauchgebiet, das wusste ich von Leuten, die schon da gewesen waren. Die Tauchplätze liegen meist sehr tief und häufig mit einer starken Strömung. Wer hier abtreibt, sieht erst wieder Land bei den Galapagos Inseln. Aber mein Sohn Michel und ich waren beide erfahrene Taucher mit einer guten Kondition. Und wer jetzt denkt, Familienurlaub ohne den Rest der Familie wäre doch sehr egoistisch, dem sei gesagt: Michel war damals mitten in der Pubertät, und eine gemeinsame Reise würde uns beiden guttun, meinte meine Frau. Sie riet mir also sogar dazu. Wie hätte ich da Nein sagen können?
Michel und ich freuten uns. Ein Teil der Freude auf eine Reise ist die Vorbereitung. Wir kauften also mehr oder weniger notwendige zusätzliche Tauchutensilien, prüften unsere Unterwasserkameras (Michel filmte, ich fotografierte) und trainierten fleißig unsere Kondition, indem wir endlose Runden im Schwimmbad flösselten. Dann gab es auch noch jemanden in Costa Rica, den wir unbedingt besuchen wollten. Also eigentlich wollte nur ich das, aber Michel machte gerne mit. Es handelte sich um Randall Auraz, den Präsidenten der costa-ricanischen Meeresschutzorganisation PRETOMA. Randall Arauz und ich hatten im letzten Jahr oft miteinander gemailt, ihm verdanke ich viele Internas zum Thema Finning, und wenn ich schon einmal in Costa Rica war, wollte ich natürlich jetzt auch ein Bier mit ihm trinken. Die Finning-Situation in Costa Rica war bedenklich. Eine bis ins tiefste Mark korrupte Beamtenschaft – von Zollbeamten, Polizisten bis hin zu Richtern – manipulierte die Gesetze, wie sie wollte.
Bzw. wie eine von Taiwan regierte Mafia das wollte.

So war es den Fischer-Booten streng verboten, nur die Flossen von Haien zu transportieren. Klingt im ersten Moment bescheuert, aber beim näheren Überlegen wird daraus angewandter Haischutz. In den Laderaum eines Fischerbootes passten etwa 50.000 Haie in Form von Flossen und nur noch 2.500, wenn die Körper auch transportiert werden mussten. Ein massiver Einkommensverlust, wenn man vom Flossenhandel lebt. Entladen wurden die Boote deshalb nur in den Privatdocks der Fischer. Immer nachts unter Ausschluss möglicher Beobachter. Als Grund wurde genannt, dass die öffentlichen Docks, die unter Aufsicht des Zolls standen, so marode waren, dass es zu riskant wäre, dort zu entladen. Zoll und Polizei applaudierten ob dieser Vorsichtsmaßnahme und drückten ansonsten beide Augen zu. So wurde aus Costa Rica in nur wenigen Jahren eine der Hauptumschlagsstätten für Haiflossen. Ganze Industriebereiche lebten davon. In Puntarenas, dem Fischerhafen am Pazifik, gab es regelrechte Flossenfabriken, wo die Flossen getrocknet wurden, bevor sie – ebenfalls mit taiwanesischen Schiffen – auf den Weg nach Asien gingen.

Ihn wollten wir besuchen: Randall Arauz, den Präsidenten der costa-ricanischen Organisation PRETOMA.

Das alles wurde auch politisch unterstützt mit einer großzügigen taiwanesischen Entwicklungshilfe. Im Gegenzug konnten die Taiwanesen von Puntarenas aus den Haifang im Pazifik kontrollieren, wie sie wollten.

Das war die Situation. SHARKPROJECT unterstützte Randalls Kampagnen und Petitionen. Mit eigenen Aktionen hielten wir uns jedoch zurück. Was Randall wollte, war klar. Er wollte für Costa Rica das Gleiche erreichen, was wir gemeinsam mit Hans Hass auf den Malediven geschafft hatten. Die Öffentlichkeit des Landes sollte über die Situation informiert werden und sich darüber empören.

Bilder in dem Private Dock, an dem Flossen unerlaubt und mitten in der Nacht entladen werden.

Optimalerweise sollte der Anstoß aus dem Ausland kommen. Möglichst aus Deutschland, weil die Deutschen in Costa Rica als Umweltschützer und als großer Touristenexporteur eine starke Stimme hatten. Das war ein guter Plan, doch wie wir das erreichen sollten, war noch unklar. Es gab einige Ideen, aber diese per Mail auszutauschen, war nicht optimal. Manche Dinge brauchen den persönlichen Kontakt. Ich wollte Randall deshalb in San José zunächst einmal persönlich kennenlernen.

„Pepe" Patrick Brand und Anke Bosserhoff von VOX Tierzeit begleiteten uns überraschend auf der Reise. Sie wollten Randall ebenfalls kennenlernen und mehr über Finning in Costa Rica erfahren. Und dadurch veränderte sich alles.

Soweit war mein Plan, dieses Mal nur Urlaub zu machen, schon Geschichte. Aber es handelte sich ja nur um einen Tag, tröstete ich meinen Sohn.

Dann kam der Anruf von einem befreundeten Naturfilmer. Ich hatte bereits eine Dokumentation mit ihm zusammen für VOX-Tierzeit gedreht. Nun plante die Redaktion eine Sendung über das Finning in Costa Rica, für die er recherchierte. Von mir wollte er Fakten und Erfahrungen über unsere Finning-Kampagne auf den Malediven.

Als er hörte, dass ich in wenigen Wochen nach Costa Rica wollte, war es erst einmal still in der Leitung. Dann kam es, wie es kommen musste. Innerhalb von zwei Wochen war klar, dass ein Team von VOX uns begleiten würde. Sie bekamen sogar noch zwei Plätze auf dem ausverkauften Boot zur Isla de Cocos. Auch dort wollten sie mit uns drehen. „Mit uns" heißt: mit Michel und mir – denn ein Vater-Sohn-Team wäre klasse, hatte der Redakteur angemerkt.

Aus unserem privaten Urlaub entwickelte sich ein generalstabsmäßig geplanter Zeitablauf an unterschiedlichen Drehorten. Ziel: ein investigativer Beitrag über die Finning-Mafia in Costa Rica. Randall war begeistert – Michel weniger. Aber er nahm es sportlich, besonders als er vom Redakteur gefragt wurde, ob er mit seiner Kamera einige der Unterwasserszenen drehen könne.

Geplant war außerdem ein versteckter Besuch in einem Privatdock. Bilder aus einer Fabrik, wo Flossen getrocknet wurden. Dazu möglichst Filme, in denen Haie gefinnt wurden, und wenn es sich so ergäbe, irgendeine gewalttätige Auseinandersetzung zwischen finsteren Angehörigen der Finning-Mafia und uns. Zusätzlich natürlich gewaltige Filmszenen mit Hunderten von Hammerhaien und giftige Interviews mit Regierungsstellen in Costa Rica.
Alles, was sich ein Quotensender halt so wünscht.
Ich hatte damals noch keine Ahnung, dass all das wirklich passieren sollte. Sonst hätte ich sofort aufs Rote Meer umgebucht. Aber es geschah ja auch nicht alles in einer Reise, sondern in insgesamt drei Jahren.
Ins paramilitärisch abgeschirmte Privatdock kamen wir nicht und aus der Fabrik wurden wir nach wenigen Minuten hinausgeworfen. Das verhinderte jedoch nicht den Erfolg der VOX-Sendung in Deutschland. Plötzlich war die Situation der Haie ein Thema. Auch einige costaricanische Medien berichteten darüber. Es war aber nicht die große Welle in Costa Rica, die Randall und ich uns erhofft hatten.
Also schmiedete ich mit Randall einen besseren Plan.

Dieses Longlining-Boot vollgestopft mit Haiflossen wartete auf die nächtliche Entladung.
Das wollten wir dokumentieren.

Wenige Monate danach versuchten wir es noch einmal. Ausgestattet mit einer gefakten Identität als Einkäufer einer großen asiatischen Gastronomiekette in Deutschland konnten wir dramatische Bilder in einer Flossenfabrik machen. Zehntausende von Haiflossen, die hier auf den Weitertransport warteten.

Niemand merkte etwas. Doch als wir am Nachmittag ins Hotel zurückkam, erwartete uns dort – krimimäßig auf dem Kopfkissen drapiert – eine handfeste Drohung. Wir waren aufgeflogen und mit der Finning-Mafia war nicht zu spaßen. Also nichts wie weg. Das Team reiste sofort ab. Ich blieb zurück, zusammen mit einem Mitarbeiter von PRETOMA, dessen Namen ich aus rechtlichen Gründen hier nicht nennen darf. Denn wir planten eine kriminelle Handlung; zumindest aus Sicht der costa-ricanischen Polizei. Wir wollten in der Nacht Filme und Bilder in einem Privatdock machen. Davor lag ein gerade zurückgekehrtes Longlining-Boot und wartete auf das Ausladen.

Wenn wir Glück hatten, konnten wir nachts das Geschehen dokumentieren und anschließend Anzeige gegen den Fischer stellen. Ein guter Plan, der in den wichtigsten Punkten schiefgehen sollte. Wir bekamen zwar die Bilder und Filme, wurden jedoch bemerkt und mussten fliehen.

In San José erfuhr ich dann schockiert, dass die Polizei schon nach mir suchte. Wegen Einbruchs!

Randall riet mir dringend, sofort und möglichst auf einem unkonventionellen Weg das Land zu verlassen.

Hier höre ich auf zu berichten, da ich niemanden meiner Helfer in Gefahr bringen will.

Wen Einzelheiten interessieren, dem empfehle ich meinen Roman „FINNING" oder „DER TIGER" als E-Book. In Romanform – und zugegeben auch noch ziemlich dramatisiert – ist so etwas einfacher zu erzählen.

Auf jeden Fall war da Adrenalin drin.

Wieder in Deutschland angekommen, schrieb ich mir den Frust mit obengenanntem Roman von der Seele und dann machte ich etwas, das mir guttat, dessen Folgen ich jedoch nicht absehen konnte.

CAMPO PAGADO

Carta abierta
dirigida al
ciudadano Dr. Abel Pacheco de la Espriella
Presidente de Costa Rica

SHARKPROJECT
Iniciativa Internacional para la Protección e Investigación de los Tiburones

Nominación a la distinción „Shark Enemy of the Year" 2006

Estimado Señor Presidente:

Sharkproject E.V. con sede en Alemania es una de las ONGs dedicadas a la protección de los tiburones más importantes del mundo. Nuestro lema es „Sin los tiburones muere el mar - y sin el mar morimos los humanos". Esta aserción cuenta con el apoyo y respaldo de un creciente número de científicos distinguidos. El exterminio sistemático de los tiburones, y en especial la práctica del aleteo („finning"), o sea el cercenamiento de la aleta del tiburón, no sólo es cruel e inhumana, sino que constituye una de las amenazas más grandes para la ecología del mundo.

Cada año, con nuestra distinción „Shark Enemy of the Year", comprometemos públicamente y denunciamos a aquellas personas o naciones que contribuyen en forma activa, fomentan o apoyan el exterminio de los tiburones, En 2005, España recibió esta penosa „honra" por su papel predominante en las actividades mundiales de aleteo. La distinción fue entregada directamente al Rey Juan Carlos luego de una conferencia de prensa internacional.

Los últimos acontecimientos han motivado a nuestro jurado a nominarlo a Usted, Señor Presidente, en calidad de responsable, a recibir la distinción „Shark Enemy of the Year 2006".

Fundamentos:

1. Usted ha ignorado decididamente la petición de más de 70.000 ciudadanos costarricenses (incluyendo a 10.000 niños escolares) que reclaman la prohibición de la práctica del aleteo y el cumplimiento de la Ley de Aduanas con la prohibición de otorgar permiso a naves de pesca extranjeras de utilizar muelles priva dos en su país.

2. Usted ha ignorado resueltamente la petición de algunos de los científicos y especialistas en tiburones más renombrados del mundo que, conjuntamente con organizaciones internacionales para la protección de los tiburones, e institutos de investigación, han apoyado la demanda de los ciudadanos de su país.

3. Bajo su gobierno se han establecido leyes y disposiciones con total conocimiento de que las mismas facilitan la práctica del aleteo de los tiburones. Sus políticas se han basados en datos que contradicen e ignoran la mejor información científica sobre los tiburones a nivel mundial.

4. Como resultado de estas medidas, Costa Rica se ha convertido a nivel internacional en sinónimo de cercenamiento de tiburones, comprometiendo gravemente la buena reputación internacional de su país como nación protectora del medio ambiente.

En vista de lo expuesto, le nominamos oficialmente como candidato a recibir la distinción „Shark Enemy of the Year 2006" otorgada por la iniciativa Sharkproject.

El jurado iniciará sus deliberaciones en diciembre de 2005. La decisión también le será comunicada a través de una carta abierta en el diario „La Nación".

En interés de su país, su pueblo y la imagen de Costa Rica, apelamos a que intervenga para poner un fin a la situación actual. Sólo Usted tiene las facultades para cambiar esta triste realidad. Naturalmente sería de nuestro agrado retirar su nominación.

Le saluda atentamente

Sharkproject E.V.
Iniciativa Internacional para la Protección e Investigación de los Tiburones

Gerhard Wegner
Presidente

www.sharkproject.com

Gemeinsam mit Randall Arauz nominierten wir den damaligen Präsidenten von Costa Rica Abel Pacheco zum SHARK ENEMY of the Year – dem Haifeind des Jahres.

Damit jeder in Costa Rica verstand, warum, schalteten wir eine ganzseitige Anzeige in der größten Tageszeitung des Landes. Um zu verstehen, was wir taten – eine solche Aktion ist vergleichbar damit, als wenn eine ausländische Organisation in der deutschen Bild-Zeitung eine ganzseitige Anzeige gegen Angela Merkel schalten würde. Der so offen kommunizierte permanente Bruch bestehender Haischutzgesetze unter seiner Präsidentschaft schlug in Costa Rica ein wie eine Bombe. Nicht, dass es bisher niemand gewusst hatte, aber mit der öffentlichen Zeitungsanzeige wurde daraus eine Regierungsaffäre und ich zum meistgehassten Mann der amtierenden Partei. Die gesamte Presse dagegen wollte mich und Randall Auraz interviewen und weitere Hintergründe zu dieser Affäre bekommen.

Es war die Zeit für PRETOMA, um einiges geradezurücken und Dinge laut zu sagen, die bisher zu gefährlich waren. Vieles kam damals in Costa Rica in Bewegung, so wie es sich Randall gewünscht hatte.

Ich dagegen bekam Drohbriefe. Jede Menge davon, per E-Mail und per Post. Das ist nun im Leben eines Haischützers nichts Besonderes, aber einer davon verursachte mir tatsächlich einige schlaflose Wochen. In einer E-Mail war mein Bürofenster mit einer Zielscheibe abgebildet. Irgendwer wusste also, wo mein Büro war, und hatte ein Foto vom Parkplatz geschossen. Dazu gab es den lapidaren Spruch, dass ich aufpassen sollte, wenn ich das Büro abends verließ.

Der Absender war natürlich nicht zu ermitteln, aber ich hatte so eine Ahnung, wer dahinterstecken könnte.
Doch mir passierte nichts und letztendlich hatten wir erreicht, was wir wollten. Jede Menge Trouble und Aufregung in Costa Rica. Die Problematik der Privatdocks und der korrupten Politik war in aller Munde und sorgte für allgemeine Empörung.
Und zumindest einige Politiker sprachen wieder mit PRETOMA, wenn es auch vorwiegend Mitglieder der Opposition waren.
„Hauptsache, im Gespräch sein!", meinte Randall am Telefon und ich sah ihn im Geiste breit grinsen.
Für mich selbst war das Ding noch nicht zu Ende. Als ich eine neue Costa Rica-Reise plante, riet mir Randall, vorsichtshalber damit noch zu warten. Mein Name war verbrannt und noch immer war die gleiche Partei an der Macht.
Daran hielt ich mich fünf lange Jahre. Wir waren zwar nach wie vor in Costa Rica aktiv, erstatteten Anzeigen, richteten Petitionen an die Regierungsstellen und vieles, vieles mehr. Aber im Grunde war es nur frustrierend. Randall und ich telefonierten damals oft und ausgiebig. Er besuchte mich in Deutschland und aus den Erkenntnissen unseres Don-Quijote-Kampfes heraus legten wir unseren Fokus nicht mehr nur auf die Fischer und Longliner, sondern viel mehr auf das andere Ende der Spirale. Unser Hauptziel in diesen Jahren wurden die Restaurantkunden, diejenigen, die viel Geld für Haiflossensuppe ausgaben und dadurch diesen ganzen dramatischen Kreislauf überhaupt erst möglich machten. Neue Kooperationen mit Haischutzorganisationen entstanden mit neuen Zielsetzungen. Aber meine Wut auf die korrupte Politik und permanenten Gesetzesbrüche in Costa Rica blieb. Es war das erste Mal gewesen, das ich im Epizentrum eines korrupten Mafiasystems stand. Weitgehend hilflos musste ich zusehen, wie alle logischen Umweltargumente für die Zukunft der Ozeane vor der Gier einzelner Menschen unwirksam wurden. Ich kämpfte auf meine Art, schrieb den bereits erwähnten Thriller über die Flossenmafia – romanhaft überzogen aber auf dramatische Weise real, konzipierte einen neuen Vortrag „HAIJÄGER" und ging auf Vortragstour in den deutschsprachigen Ländern. Von der Politik hatte ich die Schnauze voll. Damals war ich überzeugt, dass uns die Politik nicht helfen würde; nicht solange keine sichtbare Mehrheit

hinter unseren Ideen stand. Also war unser Hauptziel wieder die Aufklärung. Im Mittelpunkt dieses Mal der Flossenhandel und seine tragischen Folgen.
Wir feierten unsere kleinen Erfolge, als z.B. die Universität von Hongkong offiziell auf Haiflossensuppe bei Empfängen verzichtete, oder auch große wie das Haifangverbot und das Ende des Flossenhandels auf den Malediven oder den Handelsstopp für Haiflossen in Kalifornien, des vor 2012 zweitgrößten Importlandes. Gleichzeitig erreichten wir mit unserer Handelskampagne STOP SALES, dass in Deutschland, Österreich und der Schweiz Haiflossensuppe fast komplett aus den Speisekarten verschwand. Costa Rica blieb jedoch immer ein Sargnagel für mich.

Dann im Mai 2010 wechselte die Regierung in Costa Rica und damit beginnt eine andere Geschichte.

Ein Teil unserer Kampagne in Costa Rica. Den normalen 2 Millionen Colones Schein mit einem Hammerhai als Bild, verwandelten wir in einen Flyer mit einem gefinnten Hai. "No Al aleteo!" heißt soviel wie "Stopp Finning".

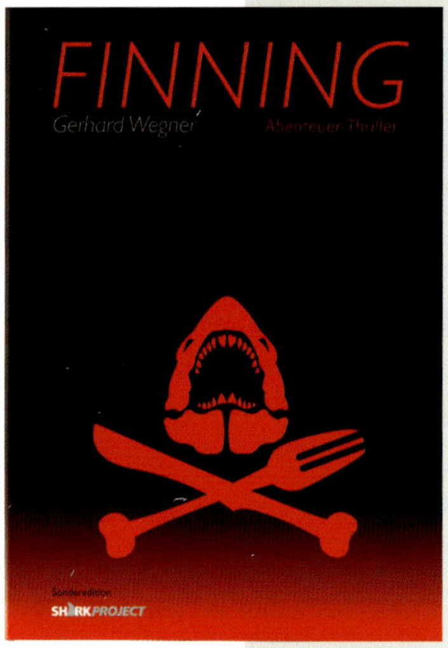

Textauszug aus FINNING

Teil 1: Hintergrund

Hast du hier eine schnelle Internetverbindung?", fragte er und blickte Alvaro neugierig an.

„Sicher, das ist eines der wenigen Dinge, die in Costa Rica funktionieren", erwiderte dieser und lächelte kummervoll, „denn das Internet haben uns die Taiwanesen geschenkt, ebenso wie Highways, Brücken und das Congress-Center hier in San José. Es waren sehr teure Geschenke!"

Fragend blickte ihn Wolf an.

„Du musst wissen", setzte der Präsident von TIBURÓN seine Erklärung fort, „dass wir hier in Costa Rica in einer doppelten Korruption leben. Zum einen werden unsere Politiker und Polizisten von taiwanesischen Geschäftsleuten heimlich bestochen und andererseits wird unsere Politik offen durch die taiwanesische Entwicklungshilfe korrumpiert. Unsere Politiker machen, was die Taiwanesen wollen, weil es unserem Land Geld bringt."

Zornig ließ Alvaro Perez seine Kaffeetasse laut auf den Unterteller klirren. „Wir sind nicht mehr die Herren in unserem eigenen Land! Wir Costa-Ricaner sind eines der ökologiebewusstesten Völker dieser Erde, nirgends gibt es mehr Naturschutzparks und nirgends wird mehr für den Erhalt der Umwelt getan. Aber beim Meer, dem Interessengebiet der Taiwanesen, sind wir blind und stumm. Erst waren es unsere Thunfische und nun, seit es immer weniger Thunfische gibt, sind es die Haie, die sie wollen!"

Perez geriet in Rage. Voller Wut stand er auf und begann, in der Küche auf und ab zu gehen. „Wir sind einer der Hauptumschlagsplätze beim Finning. Durch das brutale Abschlachten der Haie, das wir in unserem Land zulassen, sind wir dabei, unseren Stolz zu verlieren und die Zukunft unserer Kinder zu verspielen. Wir dürfen nicht weiter still zuschauen. Unsere Organisation kämpft seit vielen Jahren gegen diese Entwicklung, aber wir laufen gegen Gummimauern!"

Wolf sah ihn nachdenklich an. „Aber ich dachte, es gibt klare Gesetze gegen das Finning hier in Costa Rica. Joana erzählte zwar, dass die Fischer das Gesetz mit der Entladung an privaten Docks umgehen, aber das könnte man doch fotografieren und dann anzeigen.

Das wäre doch einfach!"

„Du kennst Costa Rica noch nicht richtig, Wolf!", erklärte Alvaro Perez und schaute dabei zu Boden. „Wir haben das schon mehrfach versucht, haben uns in private Docks eingeschlichen und das Entladen von Flossen sogar gefilmt. Aber unsere Anzeigen wurden niedergeschlagen und unsere Leute sogar verhaftet, weil sie das Privatgelände der taiwanesischen Firmen unerlaubt betreten hatten!"

Alvaro ballte seine Fäuste. „Die Korruption ist hier allgegenwärtig und kennt keine Grenzen nach oben und unten. Costa Rica ist wohl der einzige Staat, bei dem drei ehemalige Präsidenten wegen Schmiergeldaffären angeklagt waren! Nicht gerechnet die unzähligen Korruptionsfälle, die immer wieder unter unseren Politikern und Beamten aufgedeckt werden!"

Wolf staunte. „Und woher nehmen du und deine Leute dann die Kraft, immer weiter zu kämpfen? Ihr seid doch ohne Chance!"

„Wenn wir aufhören zu kämpfen", erwiderte Alvaro und setzte sich aufgewühlt wieder hin, „ist alles verloren. Dann werden sie noch den Rest bekommen, den wir mit letzter Kraft schützen, und niemand wird sie mehr aufhalten!"

Er schaute Wolf tief in die Augen und fuhr fort. „Wir haben viel erreicht in den letzten Jahren und mit etwas Glück wird unser neuer Präsident die Gesetze ändern und verbieten, dass Haiflossen in privaten Docks entladen werden dürfen! Dafür kämpfen wir und dieses Mal haben wir einen fairen und gerechten Politiker an der Spitze. Er ist gegen die Einflussnahme durch die Taiwanesen und erwägt, taiwanesische Haiflossenbetriebe, wie es sie in Puntarenas in Mengen gibt, zu verbieten. Der Handel mit Haiprodukten soll komplett verboten werden. Das sagte er mir zumindest beim letzten Umweltgipfel, bei dem ich mit ihm sprechen konnte. Es gibt also Hoffnung, gerade jetzt. Aber leider gibt es natürlich auch genügend korrupte Regierungsbeamte, die wollen, dass alles so bleibt für die taiwanesischen Fischer. Und die Taiwanesen haben so viel Geld, dass sie sich einen Teil der Stimmen einfach kaufen können. Die Chancen für einen Schutz der Haie stehen aus meiner Sicht 50:50."

Teil 2: Ausreisen ohne Zollformalitäten

Das Warten wurde zu einer Geduldsprobe für die Flüchtenden. Erst als es anfing zu dämmern, kam Pablo in den Hangar zurück, in dem sie sehnsüchtig auf ihn warteten. Als Erstes reichte er Joana eine Tüte mit einem billigen Kleid, das er für sie erstanden hatte.

Dankbar sah sie ihn an, während sie in das kleine Bad eilte, um ihre zerfetzte Kleidung zu wechseln. Michel und Wolf warf er eine Tüte mit Hamburgern und Fritten zu, die er in einer weltbekannten Fastfood-Kette besorgt hatte, die vor Kurzem in Puerto Limón Fuß gefasst hatte. Auch Exemplare der beiden Tageszeitungen des Landes hatte er dabei. Auf den Titelseiten sahen sie Fotos von sich in voller Größe.

„Es wird höchste Zeit, dass ihr Costa Rica verlasst", knurrte Pablo, während er das Hangartor öffnete und seine alte Cessna Skyhawk mit einigen großen Kisten aus seiner Lagerhalle belud. „Jetzt ist es im ganzen Land offiziell. Seit heute jagen euch alle Costa Ricaner. 100.000 Dollar ist hier das Gehalt für sehr viele Jahre Arbeit."

Die drei Flüchtenden sahen sich nervös an, beruhigten sich aber ein wenig, als Pablo ihnen ihre neuen Pässe in die Hand drückte. Neugierig öffneten sie die Ausweise, um ihre neuen Identitäten zu studieren. Michel und Wolf musterten misstrauisch die Gesichter, die ihnen aus den Papieren entgegenblickten.

„Der sieht mir doch überhaupt nicht ähnlich!", grollte Wolf und deutete auf das Passbild in seinem Ausweis. „Der sieht ja aus wie ein irischer Kobold!"

„Und meiner hat ja eine ganz andere Haarfarbe", kam es von Michel, der seinen Pass anklagend hochhielt.

Pablo schüttelte missbilligend den Kopf. „Es ist einfacher, die Person anzupassen, als ein Passbild auszutauschen", entgegnete er und deutete auf Michels Pass. „Für eure Einreise in Jamaika ist das völlig gleichgültig. Da wird es keine Kontrolle geben. Und wenn du offiziell ausreist, musst du dir nur die Haare färben lassen und schon kann dich kein Zöllner mehr von deinem Passbild unterscheiden! Und du Wolf", sagte er und lächelte, „siehst diesem Passbild viel ähnlicher, als du wahrscheinlich denkst."

„Das stimmt!", sagte Joana, die sich inzwischen umgezogen hatte, und knuffte ihrem Freund zärtlich in die Seite. Dann wandte sie sich

besorgt an Pablo. „Aber was ist mit mir? Dieses Passbild sieht völlig anders aus als ich. Da reicht Haarefärben alleine nicht aus!“

„Das stimmt leider.“ Pablo nahm ihren Ausweis und musterte schuldbewusst das Bild darin. Eine gut aussehende, blond gelockte Frau mit einem kurzen Pagenschnitt blickte ihm entgegen. „Aber es gab keinen Pass, der auf dein Aussehen passte! Hier stimmen zumindest die Größe und das ungefähre Alter. Die einzige Möglichkeit ist, dein Äußeres auf Jamaika komplett zu verändern. Du wirst dir danach nicht mehr ähnlich sehen, aber das ist in diesem Fall vielleicht auch ganz gut so!“

Joana nickte unglücklich. „Wäre es für mich nicht besser gewesen, einen costa-ricanischen Pass zu nehmen? Schon wegen der Sprache! Mein Deutsch besteht nämlich nur aus ein paar Brocken. Spätestens wenn mich ein Zöllner auf Deutsch anspricht, fällt der ganze Schwindel auf!“

Pablo zuckte mit den Schultern. „Stimmt!“, meinte er lakonisch. „Aber es ging nur so, denn mit einem costa-ricanischen Pass hättest du ein Visum für Jamaika gebraucht und das konnte mein Freund auf die Schnelle nicht beschaffen.“

Joana zögerte, nickte dann jedoch und schaute den neuen Pass aufmerksam durch, um sich die Angaben darin einzuprägen.

„Und keine Angst“, sagte Pablo abschließend, während er die letzten Handgriffe an seinem Flugzeug vornahm, „die Pässe sind sauber. Die ehemaligen Besitzer haben es wahrscheinlich noch nicht einmal bemerkt, dass sie fehlen!“

Wer mehr lesen will, bei AMAZON ist der Thriller unter dem Titel „Der Tiger“ als E-Book erhältlich. Aber nicht zuviel erwarten, es war mein erster Romanversuch und von Perspektiven hatte ich da noch keine Ahnung. Aber er ist superspannend und in vielen Punkten sehr realistisch. Deshalb lohnt es sich, einmal hineinzulesen.

Die Haie Costa Ricas, bzw. deren Schutz sollten mich noch viele Jahre meines Lebens beschäftigen.
Und bei aller Dramatik kam es manches Mal auch zu unfreiwillig komischen Erlebnissen.
Zumindest, wenn man sie mit etwas Abstand betrachtet.
Dazu die folgende HAILIGHT-Geschichte.

Die spanische Übersetzung meines FINNING-Romans über Costa Rica. Zuerst druckten wir nur ein Buch für die Präsidentin des Landes, danach eine Auflage, deren Erlös die gesamte Haischutzkampagne im Land finanzierte.

ICH, DER PRÄSIDENTENSCHRECK!

| 13

Mai 2010. Laura Chinchilla Miranda wurde Präsidentin Costa Ricas. Ein neues Zeitalter für den Haischutz!?
Auf jeden Fall eine aufregende Zeit für uns und vor allem für mich. Davon handelt diese HAILIGHT-Geschichte.

Die ersten Erfahrungen mit der frischgebackenen Präsidentin waren nicht so besonders. Randall Arauz von der PRETOMA wagte den ersten Schritt und bat um eine Unterredung, aber sie hatte keine Zeit für ihn und den Haischutz. Andere Prioritäten.
Wir überlegten, wie wir ihre Aufmerksamkeit erlangen könnten. Eine Idee war EL ALETEO – die spanische Übersetzung meines Romans FINNING. Einige Mitarbeiter der PRETOMA hatten den deutschen Text ins Spanische übersetzt und mich damit überrascht. Nun druckten wir ein Einzelexemplar für die neue Präsidentin. Randall und ich signierten das Buch und er ließ es ihr mit einem Brief über einen engen Regierungskontakt persönlich überreichen.
Wir warteten, doch nichts geschah.
Wir reagierten mit einem offenen Brief an alle Bürger Costa Ricas, in dem wir die Situation der Haie in den costa-ricanischen Gewässern darstellten. Veröffentlicht in Form einer ganzseitigen Anzeige in der LA NACIÓN (Danke hier nochmals unserem großzügigen costa-ricanischen Sponsor). Dieses Mal integrierten wir in die Anzeige eine Petition zum Ausfüllen und direkten Versenden an die Präsidentin.
Nur zwei Tage später klingelte mein Telefon Sturm. Da es erst 2 Uhr morgens war, dauerte es etwas, bis ich den Hörer abnahm.

El País 4A | Sucesos 14A | Aldea Global 18A | Economía 23A | El Mundo 26A | Opinión 30A | Obituario 34A | Puro Deporte 35A

JUEVES 13 DE OCTUBRE DEL 2011 LA NACIÓN | ALDEA GLOBAL | 19A

Campo Pagado

la Situación de los tiburones en Costa Rica está...

¡como para llorar!

La ciudadanía costarricense celebró recientemente el cierre de los muelles privados de Puntarenas a la descarga de productos pesqueros por parte de la flota extranjera de Taiwán, cuyo uso facilitaba la descarga ilegal de aletas de tiburón para su posterior exportación a Hong Kong. Lamentablemente, nueve meses después, las cosas para los tiburones no han mejorado, y las flotas extranjeras siguen traficando aletas de tiburón en Costa Rica a sus anchas.

La embarcación de Taiwan con bandera Beliceña Hung Chi Fu 12 fue sorprendida descargando 2000 kilos de tiburones sin aletas en el muelle público de Puntarenas el 3 de marzo del 2011, confirmando no solo aleteo sino trasbordo en alta mar.

La embarcación de Taiwán Wai Jai Men realizó un trasbordo de aletas en alta mar luego de negarse a descargar su producto en el muelle público de Puntarenas el 19 de mayo pasado al alegar que mejor realizaría la descarga a El Salvador. Regresó cinco días después para descargar en el muelle público, sin haber salido de nuestra Zona Económica Exclusiva y por supuesto, sin aletas de tiburón a bordo.

El 2 de setiembre del 2011 la embarcación de Taiwán con bandera Beliceña Wai Jai Men 89, traía 1000 kilos las aletas de tiburón adheridas a un espinazo, en clara contravención de la Ley de Pesca que exige la descarga de aletas adheridas el cuerpo. Aunque el producto fue destruido, no hubo sanción alguna contra los responsables del cargamento, y como siempre, reina la impunidad.

Desde el 1 de Diciembre del 2010, fecha a partir de la cual se obliga a la flota extranjera a descargar sus productos en el muelle público, se ha autorizado la importación de 1500 kilos de aletas de tiburón procedentes de Nicaragua.

Recientemente, los costarricenses enviaron una misiva firmada por más de 3000 personas, en la cual se solicitó a la Presidenta de la República que prohibiera inmediatamente la importación de aletas de tiburón. Esta solicitud fue secundada por miles de ciudadanos del mundo, incluyendo cientos de ciudadanos de Taiwán. Así mismo, destacadas organizaciones internacionales y nacionales realizan gestiones conjuntas con el Ministerio de Ambiente para incluir el tiburón martillo (*Sphyrna lewini*) en el Apéndice III de la Convención Para el Comercio Internacional de Especies Amenazadas (CITES), lo cual permitiría controlar el tráfico internacional de esta emblemática especie, amenazada de extinción.

Las gestiones para incluir el tiburón martillo en el Apéndice III de CITES goza de buena acogida, pero lamentablemente las autoridades competentes están renuentes a prohibir la importación de aletas. Se alega que tal prohibición podría considerarse una barrera al libre comercio, y traería consecuencias para el país ante la Organización Mundial de Comercio (OMC). Lo que el Estado propone es permitir la importación de aletas, previa emisión de un "certificado de trazabilidad" por el país exportador, haciendo constar que las aletas cumplen con leyes contra el aleteo.

Definitivamente…¡es como para llorar!

La OMC ha resuelto en casos relacionados a ambiente que los países tienen derecho a imponer barreras a importaciones para defender sus leyes ambientales, siempre y cuando las mismas sean justas y no estén dirigidas a favorecer industrias domésticas. La legislación costarricense contra el aleteo ha servido como modelo para otras naciones del mundo, pero la importación de aletas de Nicaragua constituye una descarada burla de la misma. ¿Esperan las autoridades nacionales que confiemos en un certificado emitido por un país donde ha recurrido la flota taiwanesa ante la imposibilidad de seguir violando la ley en nuestro país? Además, ya el 90% de los tiburones del orbe han desaparecido por sobrepesca, por lo que los tiburones necesitan que se reduzca dramáticamente su mortalidad. La propuesta del Estado no hace eso, más bien perpetúa las actividades de la flota extranjera de Taiwán en la región, reconocida internacionalmente por ser una flota "aletera."

¡Ayúdenos a convencer a las autoridades nacionales para que tomen acciones que realmente ayuden a los tiburones! Costa Rica debe prohibir inmediatamente la importación de aletas de tiburón y estar preparada para defender su posición en cualquier foro internacional. Además, la inclusión del tiburón martillo en el Apéndice III de CITES fortalecerá la posición del país como líder regional de conservación marina, ampliando las posibilidades para la conservación y el manejo regional de esta emblemática especie, en peligro de extinción. Envíe la nota adjunta a la Presidenta Laura Chinchilla, o envíe su propia carta en papelería personal o de su oficina para mayor impacto.

Widecast, Sea Turtles Forever, Asociación Pro Defensa de los Recursos Naturales de Guanacaste, Fundación Promar, Asociación de Pescadores Coyoteños (Aspecoy), Asociación de Pescadores Artesanales de Bejuco (Asobejuco), Luna Tours Sportfishing, Maverick Sportfishing, [illegible] Industria y Turismo de Aguirre), Dick Tanner, Alvaro Ugalde Víquez (cédula 4-090-976), Andrés Jiménez (Tsunami), Leonora Jiménez (Modelo internacional), Andrés de la Espriella (Evolución/Balerom), Federico Miranda (Baula Music)

Recorte y envíe esta misiva a la Presidenta Chinchilla. No olvides mandar una copia a Pretoma, FAX 2236 6017

[illegible]
Presidenta de Costa Rica
FAX (506) 2253-9078

Honorable Presidenta Chinchilla

Por este medio, ruego que interponga sus buenos oficios para que Costa Rica prohíba inmediatamente la importación de aletas de tiburón y otros productos. Nuestra nación tiene los recursos legales y técnicos necesarios para hacer respetar su legislación ambiental ante una Corte Internacional. Asimismo, que Costa Rica incluya al tiburón martillo en el Apéndice III de CITES cuanto antes, lo que brindará al país mejores herramientas para dirigir procesos regionales de conservación y uso sostenible de recursos pesqueros. Sinceramente,

Nombre | Cédula | contacto (email, FAX, tel)

PRETOMA
SHARK PROJECT
TURTLE ISLAND RESTORATION NETWORK
BOSQUES NUESTROS
UESPRA
LEATHERBACK TRUST
preserve planet.org
ISV
Bahía Rica
PAPAYA MUSIC

Firma responsable: Isabel Naranjo Vargas Cédula 1-0557-0188
Miembro Junta Directiva [illegible]

Ganzseitige Anzeige in LA NACIÓN, der größten Tageszeitung Costa Ricas. Eine Aktion mit überraschendem Ausgang.

Ich ahnte schon, wer es sein könnte und versuchte, mich freundlich zu melden. Tatsächlich – es war Randall. Völlig aus dem Häuschen. Gerade hatte ihn das Büro der Präsidentin angerufen und offiziell zu einem Gespräch geladen.
Wir rätselten, was wohl den Ausschlag gegeben hatte. Das Buch oder die Anzeige? Was hatte die Präsidentin so stark beeindruckt, dass es jetzt so einen kurzfristigen Termin gab?
Die Wirklichkeit war jedoch viel berührender. Unser offener Brief hatte besonders die jungen Bürger Costa Ricas betroffen gemacht. Darunter den jungen Sohn der Präsidentin. Aktiv hatte er in seiner Schule Unterschriften gesammelt und sie seiner Mutter abends direkt in die Hand gedrückt. Der Anruf aus dem Präsidentenpalast kam am nächsten Tag.
Wie mir Randall später erzählte, hatte die Präsidentin den Roman zwar bekommen, aber noch nicht gelesen. In dem Gespräch mit Randall versprach sie, es schnellstens nachzuholen, und was viel wichtiger war, sie hörte unseren Argumenten sehr genau zu – und sie reagierte. Wenige Monate danach wurde die Entladung der Longliner in den Privatdocks verboten.
Die Finning-Mafia schnaubte vor Wut. Aber nicht lange, dann funktionierten die Flossenlieferungen wieder. Die Longliner fuhren jetzt nach Nicaragua, entluden die Flossen und die wurden anschließend per LKWs über die Grenze nach Puntarenas geliefert. Das kostete die Mafia nur etwas Zeit und Geld, die Anordnung verpuffte.
Wir intervenierten wieder.
Mit einer neuen Anordnung verbot die Präsidentin den Landtransport von Haiflossen und wenige Wochen danach auch den Handel.
Sieg, und zwar auf ganzer Linie. Eine Frau hatte die gesamte Mafia ausgehebelt. Das passte nicht allen. Aber die Präsidentin blieb eisenhart auf ihrem (unserem) Kurs.
Aus Costa Rica, dem Hauptumschlagsort für Haiflossen auf dem amerikanischen Kontinent, wurde ein Vorbild für den internationalen Haischutz. Die Haiflossenfabriken in Puntarenas wurden geschlossen, der Fang und der Handel mit Haien in Costa Rica kam zum Erliegen
Es gab aus der ganzen Welt viel Lob für Costa Rica, aber im Lande tobte ein regelrechter Krieg zwischen der Fischereilobby und der Regierung.

Wir reagierten und dreißig internationale Meeresschutzorganisationen nominierten Laura Chinchilla Miranda zum SHARK GUARDIAN of the Year. Dieses Pendant zu unserem Negativaward SHARK ENEMY, den wir einem ihrer Amtsvorgänger verliehen hatten, schlug wieder riesige Wellen in Costa Rica. Diesmal überwiegend positive. Nur einer war überhaupt nicht „amused" über diese Award-Nominierung – Paul Watson von Sea Shepherd.

Er monierte, dass der internationale Haftbefehl gegen ihn, der von einem costa-ricanischen Gericht ausgestellt war, auch unter Laura Chinchilla Miranda noch gelten würde. Und solange sie den nicht zurückziehen würde, dürfte sie auch keinen SHARK GUARDIAN-Award bekommen.

Aus unserer Sicht war das nicht miteinander vergleichbar. Den Haftbefehl hatte ein unabhängiges costa-ricanisches Gericht ausgesprochen, da sich Paul Watson einer drohenden Gerichtsverhandlung durch Flucht entzogen hatte. Grund war das Rammen eines Fischerbootes durch ein Sea Shepherd-Boot in den Gewässern von Costa Rica, bei dem aus Sicht der Staatsanwaltschaft vorsätzlich Menschen gefährdet wurden.

Warum Paul Watson das gemacht hatte, spielte für das Gericht keine Rolle: Es erließ einen Haftbefehl. Eine gültige juristische Entscheidung kann auch ein Präsident nicht aufheben. So erklärte es mir zumindest etwas später die Präsidentin selbst, als ich die Gelegenheit hatte, mit ihr darüber zu reden.

Denn dazu kam es schneller, als ich dachte. Randall war es, der mir freudestrahlend die Nachricht überbrachte, dass die Präsidentin den Award anlässlich eines feierlichen Aktes in San José persönlich in Empfang nehmen würde.

Natürlich auch eine politische PR-Aktion, da Neuwahlen anstanden. Aber andererseits auch ein deutliches Zeichen für den Haischutz. Darüber hinaus zeigte es die öffentliche Bedeutung, die unsere Arbeit für die Haie Costa Ricas in den letzten Jahren erlangt hatte.

Für mich begann eine schweißtreibende Zeit. Das galt vor allem für die Rede, die ich in San José zur Awardübergabe halten sollte. Laut Randall musste alles rein, was wir der Regierung sagen wollten und dazu noch einiges mehr, was die garantiert nicht hören wollten. Genau aus diesen Gründen verlangte die Pressestelle der Präsidentin, alles vorher

zu sehen und möglichst in ihren Worten zu ergänzen. Ich mittendrin. Wie es mit meinen präsentationssicheren Englischkenntnissen aussieht, habe ich ja schon einmal erwähnt.
Aber Schwierigkeiten gibt es nicht – nur fehlende Lösungen. Als Erstes machte ich der Pressestelle klar, dass wir unsere Rede genauso halten würden, wie wir es wollten und nicht wie sie es gerne hätten. Die Pressestelle war „not amused", besonders als sie EL ALETEO, die spanische Ausgabe von FINNING, lesen mussten. Die Präsidentin hatte es nämlich allen Beteiligten zur Lektüre empfohlen. Die Verbindung einer fiktiven Finning-Mafia mit Costa Rica wollte niemand öffentlich hören. Ich musste also zumindest versprechen, das Wort Finning-Mafia aus der Rede herauszuhalten.
Das versprach ich gerne, denn gemeinsam mit Randall hatte ich eine viel bessere Idee. Wir hatten uns entschieden, die Awardübergabe gleichzeitig als Verkaufsstart des spanischen Buches in Costa Rica zu nutzen. Mehr Presse würden wir selbst niemals zusammenkriegen und mehr Aufmerksamkeit als bei dieser Awardübergabe an die Präsidentin würden wir wohl nirgends bekommen. Die gesamten Einnahmen des Verkaufes sollten direkt an die PRETOMA gehen und den Grundstock für weitere Kampagnen bilden.
Klingt genial, oder? War es auch, wir mussten das nur vor der Pressestelle der Präsidentin geheimhalten. Die hätte sonst ihr Veto eingelegt.
Zurück zu meiner Rede. Ich schaffte es, alle Inhaltswünsche von Randall in meine zehn Minuten Redezeit auf fünfunddreißig Charts zu komprimieren. Die Rede dazu schrieb ich erst auf Deutsch, ließ das dann ins Englische und Spanische übersetzen und übte die englische Version mit einer geduldigen Englischlehrerin in den nächsten zwei Wochen. Im Präsentationsmodus notierte ich neben jeden Chart die wichtigsten Stichworte in meiner ureigenen privaten Lautsprache. Als meine Englischlehrerin das zum ersten Mal las, musste ich die Sitzung für einige Stunden unterbrechen. Solange dauerte es, sie wiederzubeleben!
Ach ja, per Animation holte ich mir auf die Charts noch die spanische Übersetzung, denn nicht alle im Saal sprachen perfekt Englisch.
Da kam es ja auf einen mehr auch nicht mehr an, dachte ich, und übte trotzdem.

Unter uns – ich war gut. Optimal vorbereitet und sicher in der Präsentation.

Zwei Wochen später landete ich in San José. Randall war mit seinen wichtigsten Mitarbeitern am Flughafen und nach einer herzlichen Begrüßung fuhren wir ins Hotel, wo wir quasi sofort an der Bar versackten.

Randall und ich freuten uns schon auf die überraschten Gesichter, wenn wir am Ende der Veranstaltung die fertig gedruckte Auflage präsentieren würden.

Es war aber vor allem die Zeitverschiebung von acht Stunden, die mir am nächsten Morgen Probleme bereitete. Pünktlich um 10 Uhr costa-ricanischer Zeit (18 Uhr deutscher Zeit) stand ich vor dem Hotel, wo mich Randall abholen wollte. Gegen 11 Uhr rief ich dann doch einmal an. Tja – niemand wusste, wo Randall war. Also nahm ich ein Taxi und ließ mich zur PRETOMA-Zentrale bringen. Das ist nicht so einfach wie in Deutschland. In San José gibt es nämlich weder Straßennamen noch Hausnummern. Man wählt also zuerst einen Ort, den jeder Taxifahrer kennt, z.B. das Hauptpostamt und beschreibt dann ausführlich den Weg von dort zum Ziel. Heute würde man die GPS-Daten ins Handy eingeben, damals waren es große Bäume am Straßenrand, ein gelbes Haus, auffallend gestrichene Zäune oder andere Merkmale.

Wie auch immer – irgendwann kam ich an und wurde wieder herzlich begrüßt. Von Randall immer noch keine Spur.

Ein unruhiger Blick auf die Uhr zeigte mir, dass mir noch gut vier Stunden blieben bis zum Empfang. Die nutzte ich, um meinen Vortrag noch einmal durchzugehen.

Dann kam endlich auch Randall. Er war ganz früh am Morgen überraschend in den Präsidentenpalast gebeten worden. Sichtlich nervöse Mitarbeiter der Pressestelle gingen dann mit ihm alle relevanten Punkte durch. Also, wo ich die Präsidentin das erste Mal treffen sollte, wo die Presse stand, in welcher Reihenfolge die Reden gehalten werden mussten usw. usw.

Zum Schluss bestanden sie darauf, unbedingt meine Rede sehen zu wollen, und drohten sogar mit einem Abbruch, wenn ich das nicht machen würde.
Kein Problem für mich. Ich wandelte meine Powerpointpräsentation in ein PDF um und die 35 Charts mit den Bildern und Standbildern von den integrierten Filmen schickten wir per Mail direkt an die Pressestelle. Damit würden sie wenig anfangen können.
Aber so einfach war es dann doch nicht. Genau vierzig Minuten später – Rekord für den Verkehr in San José – kam ein leitender Regierungsmitarbeiter bei PRETOMA vorbei und ich musste ihm die Filme und integrierten spanischen Texte zeigen. Meine englische Lautschrift darunter hielt er wohl für Deutsch. :-)
Dann gab er die Rede mit einigen Korrekturen frei und wir hatten noch knappe zwei Stunden bis zum Eintreffen der Präsidentin.
In der Halle wurde noch fleißig aufgebaut. Darunter auch einige PRETOMA-Infostände, wo wir später die Bücher präsentieren wollten. Jetzt lagen da jede Menge unauffälliger Infoflyer.
Ich nutzte die Zeit, um meinen Vortrag noch ein letztes Mal anzusehen, und klappte den Laptop danach befriedigt zu. Alles safe!
Dann kam eine gehetzte Mitarbeiterin der Pressestelle und nahm meinen Laptop und meine Fernbedienung für einen Technikcheck an sich. Beunruhigt sah ich meinem Laptop hinterher. Aber da konnte nichts passieren. Ich hatte an alles gedacht. Passende Stecker, Verlängerungen und einen Ersatz-Stick mit der Präsentation. Alles safe! Das meinte auch die Mitarbeiterin der Pressestelle.
Sie kam nur nochmals zurück, um nach dem Passwort meines Computers zu fragen. Ich schrieb es ihr auf und sollte dann wenige Minuten später zur Generalprobe auf die Bühne kommen. Doch dazu kam es nicht mehr. Denn die Präsidentin wollte uns vor der Veranstaltung sehen und da Präsidentinnen wohl nie mit einer negativen Antwort rechnen, war sie schon unterwegs.
Wie in einem Film begleiteten uns Bodyguards durch verschlungene Gänge zum Hintereingang des Gebäudes. Hier war ein kleiner Besprechungsraum vorbereitet. Kurze Zeit später wurde alles wuselig. Sie kam.
Wenn ich jetzt behaupten würde, ich wäre zu diesem Zeitpunkt nicht nervös gewesen, hätte ich gelogen.

Doch Laura Chinchilla Miranda bügelte das schnell aus. Sie war charmant und verwickelte uns sofort in ein Gespräch. Es war ihr wichtig, unter vier bzw. sechs Augen einige der strittigen Punkte in der Haiflossenpolitik des Landes mit uns bzw. vornehmlich mit Randall zu klären. Denn direkt nach der Verleihung sollte eine ausführliche Pressekonferenz stattfinden und sie wollte unsere Argumente zu diesen Punkten nochmals persönlich verstehen.

Illustre Begegnung für einen Haischützer. Hier beim „Geheimtreffen" mit der damals amtierenden Präsidentin Costa Ricas.

Jetzt wurde Randall nervös. Sein Hauptanliegen war die Entmachtung der halbstaatlichen Fischereibehörde, hinter der jedoch das gesamte Geld der Haiflossen-Lobby stand. Ein fast aussichtsloses Unterfangen, aber nun sah er einen kleinen Hoffnungsschimmer am Horizont.

Etwa zwanzig Minuten vor dem offiziell geplanten Eintreffen verabschiedete sich die Präsidentin wieder, um rechtzeitig offiziell einzutreffen. :-)

In eine intensive Diskussion verstrickt, erreichten Randall und ich wieder die Halle. Bei den PRETOMA-Ständen blitzte es rot herüber. Die Bücher waren da. Schnell noch signieren, da jeder Journalist eines mitnehmen sollte.

Da tauchte die Entführerin meines Laptops wieder auf. Sichtlich nervös, wegen unseres langen Ausbleibens, teilte sie mir mit, dass alles aufgebaut sei. Für eine Generalprobe bliebe aber jetzt keine Zeit mehr. In wenigen Minuten würde die Präsidentin kommen und eigentlich müsste ich mich schon auf den Weg machen, um sie vor der Presse zu begrüßen.

Nein! Erst den Laptop ansehen und checken!

Okay – den Präsentationsmodus konnte ich vergessen, da die Technik meinen Laptop hinter dem Vorhang aufgestellt hatte. Länger wäre das Kabel zum Beamer nicht, wurde mir bedauernd mitgeteilt. Der Techniker ergänzte jedoch freudestrahlend, dass ich mir keine Sorgen zu machen bräuchte, die Fernbedienung würde die Entfernung spielend ausgleichen und sehen würde ich ja alles auf der großen Leinwand.

Ja – aber die hing in meinem Rücken und mein Computer mit dem Lautsprache-Spickzettel befand sich hinter dem Vorhang. Ich wurde nervös, aber dafür blieb mir keine Zeit. Ein Mitarbeiter der Pressestelle zerrte mich am Ärmel. Die Präsidentin käme gleich, wie ich doch sicher wüsste.

Mit einem letzten verzweifelten Blick auf meinen Laptop folgte ich ihm auf den Vorplatz. Dort warteten Schulkinder mit Fähnchen, winkende Menschen und alle Pressevertreter Costa Ricas. Zumindest kam es mir so vor, denn so richtig konzentrieren konnte ich mich nicht. Ich konnte nur an meinen Laptop denken und sah die Schlagzeilen schon vor mir. „Deutscher Haischützer übergibt unserer Präsidentin den SHARK GUARDIAN-Award mit blödem Gesichtsausdruck und nicht verständlichen Worten".

Habe ich schon gesagt, dass ich verdammt nervös war?

Es wurde nicht besser. Die Präsidentin hatte, den Vizepräsidenten Alvo Piva, den Umweltminister René Castro und den stellvertretenden Minister für Wasser und Ozeane, José Lino Chaves, mitgebracht.

Nach einer kurzen Begrüßung folgte ich der Polit-Prominenz zum ersten von zahlreichen Pressestopps. Es dauerte fast dreißig Minuten, bis wir wieder im Saal waren. Der hatte sich inzwischen mit weitgehend uniformierten Männern bevölkert. Später erfuhr ich, dass es sich dabei um einen beliebten Trick handelte. Mit einem präsidialen Anwesenheitsbefehl an die Führung von Polizei und Streitkräfte

wurden leere Säle medienwirksam gefüllt. So auch heute.
Überall Gold an den Uniformen, blitzende Orden, Sterne auf den Schultern und ich sah starr geradeaus, direkt auf das einsame Vortragspult, das mitten auf der riesigen Bühne stand.
Super!
Irgendjemand klopfte mir begeistert auf die Schulter. Randall, endlich! Auch er war inzwischen im Sog der Präsidentin angekommen und mit uns unterwegs zur Bühne. Eilig schilderte ich ihm meine Probleme. Aber für Menschen wie Randall, die mindestens vier Sprachen perfekt sprechen und schreiben, sind solche Probleme, wie ich sie hatte, einfach nicht verständlich.
„Du schaffst das schon", zischte er mir aus dem Mundwinkel zu und begrüßte dabei herzlich einen leitenden Mitarbeiter der verhassten Fischereibehörde, den er wahrscheinlich noch aus früheren Straßenschlachten kannte.
Sorry! Aber ich war nervös.
Auf der Bühne blieb mir noch ein wenig Zeit, um mich wieder zu beruhigen. Während der endlosen Vorreden versuchte ich mich, an die wochenlang trainierten Worte und Abläufe meiner Präsentation zu erinnern. Mir fiel jedoch nur noch Finning-Mafia ein, und dass ich dies auf keinen Fall erwähnen durfte.
Dann war es plötzlich ruhig und alle starrten mich an.
Jetzt blieb mir noch, entweder schnell abzuhauen und dann schnellstmöglich nach Deutschland abzureisen oder irgendwie die Situation zu überstehen. Ich entschied mich für die zweite Lösung.
Selbstsicher wirkend, wie mir Randall danach erzählte, nahm ich die Fernbedienung und drückte den ersten Chart. Auf der riesigen Leinwand hinter mir erschien ein großartiges Haibild von Christine Gstöttner. Sonst nichts. Trotz x-maligen Drückens kam weder der spanische Untertitel, der mir wenigstens etwas Halt gegeben hätte. Genaugenommen kamen überhaupt keine Charts mehr, so sehr ich auch drückte.
Ich versuchte, die peinliche Pause mit einem Witz zu überbrücken, und erzählte von dem einzigen spanischen Satz, den ich kannte: „Una cerveza, por favor" und dass dieser Satz leider nicht für die Präsentation heute Abend ausreichen würde.

Nachdem ich damit einige Lacher erzielt hatte, setzte ich nach, dass dieser einfache Satz für einen Bürger der Bierrepublik Deutschland doch unglaublich wichtig sei.
Wieder kamen ein paar zaghafte Lacher. Jetzt war es mir egal. Keine Ahnung, aus welchen unerforschten Ecken meines Gehirns ich das alles kramte, aber ich bemühte diesen Satz erneut, um klarzumachen, dass auch die mutigen Entscheidungen für den Haischutz hier in Costa Rica, sicher nicht ausreichen würden, um weltweit die Haie zu schützen. Aber gleichzeitig wären diese Entscheidungen doch unglaublich wichtig für die Welt.
Aus dem Augenwinkel sah ich ein bestätigendes Nicken von Randall Arauz und fuhr mit meiner improvisierten Rede fort.
Und hey – es war besser als das mühsam vorbereitende Original. Glaubte ich zumindest. Wenigstens hörten mir alle gespannt zu. Noch gespannter auf meine nächsten Sätze war sicherlich nur ich.
Irgendwann kam ich auf die ausgezeichnete Idee, Randall Arauz zu mir zu bitten, und trotz nur eines Mikrofons und einem eingefrorenen Bild hinter uns, schafften wir es, die Award-Verleihung unter Beifall zu Ende zu bringen.
Ich war schweißgebadet, man könnte sogar sagen, dass ich regelrecht tropfte, aber Randall war begeistert. „Gut gemacht", flüsterte er mir zu, als die Präsidentin uns am Rednerpult abgelöst hatte. „Da hast du wirklich alle wichtigen Punkte reingekriegt. Besonders deine wiederholten Anspielungen zu der Finning-Mafia im Land haben mir gefallen!"
Finning-Mafia? Ich?
Rauschender Beifall für die Präsidentin. Es ging endlich dem Ende zu. Da hielt sie plötzlich ein rotes Buch in die Höhe. „El Aleteo" sagte sie.

Eine feierlich inszenierte Awardverleihung. Störend dabei war nur der Komplettausfall meines intensiv vorbereitenden Vortrags.

Una cerveza por favor!

„Noch das einzige Exemplar, aber bestimmt nicht mehr lange. Ich bin sicher, es wird sich in Costa Rica ein Verlag finden lassen. Ich habe es zur Vorbereitung dieses Awards allen meinen engen Mitarbeitern zum Lesen gegeben. Sie sollten verstehen, warum Haischutzgesetze in Costa Rica notwendig und wichtig sind. Und Sie – meine Damen und Herren – sollten das auch tun."

Randall und ich sahen uns nervös an. Ob das mit dem Druck und der Verteilung nach der Award-Verleihung so eine gute Idee war? Würde sich die Präsidentin nicht ausgenutzt vorkommen?

Doch der höfliche Beifall der zur Anwesenheit verdammten Uniformträgern beendete diese Gedanken.

„Jetzt die Presse", zischte uns die Präsidentin zu und ging an den applaudierenden Zuschauern vorbei zum Ausgang, wo sie bereits von der Presse erwartet wurde. In der einen Hand hielt sie unseren Award – bei gut zwei Kilo Gewicht eine respektable Leistung und in der anderen unser Buch. Auch eine sehr respektable Leistung.

Keine Ahnung, wie ich die Pressekonferenz überstand, aber ich glaube, mich zu erinnern, dass größtenteils Randall das Reden übernahm. Ich war fertig – fix und fertig – völlig fix und fertig. Ich taute erst wieder auf, als mir eine verlegen lächelnde Mitarbeiterin der Pressestelle meine Laptop-Tasche übergab.

Alles drin. Es sah aus, als wenn mein Laptop die Tasche nie verlassen hatte. Und da war ich sogar ziemlich sicher, denn das Anschlusskabel war noch genauso gerollt und fixiert, wie ich es eingepackt hatte. Beim energischen Nachfragen wurde ich dann schnell fündig. Nachdem das Passwort nicht beim ersten Mal funktionierte und ich weg war, hatten sie einfach die Präsentation von einem der Notfall-Sticks überspielt. Und das auf einen vorhandenen Uralt-Computer, der wohl noch die historische Powerpoint-Software von 1992 installiert hatte. Auf jeden Fall fror dadurch meine Präsentation nach dem ersten Chart ein.

So wurde das in das Bild integrierte Copyright von Christine Gstöttner als einziger Chart-Text bei einer zehnminütigen Awardpräsentation in ganz Costa Rica bekannt und ich habe mir seither vorgenommen, meine Technik immer selbst zu installieren und zu testen, besonders wenn eine Präsidentin zu Gast ist.

Seitdem funktionieren alle meine Präsentationen.

Widmung der Präsidentin in meinem Buch „EL ALETEO“.

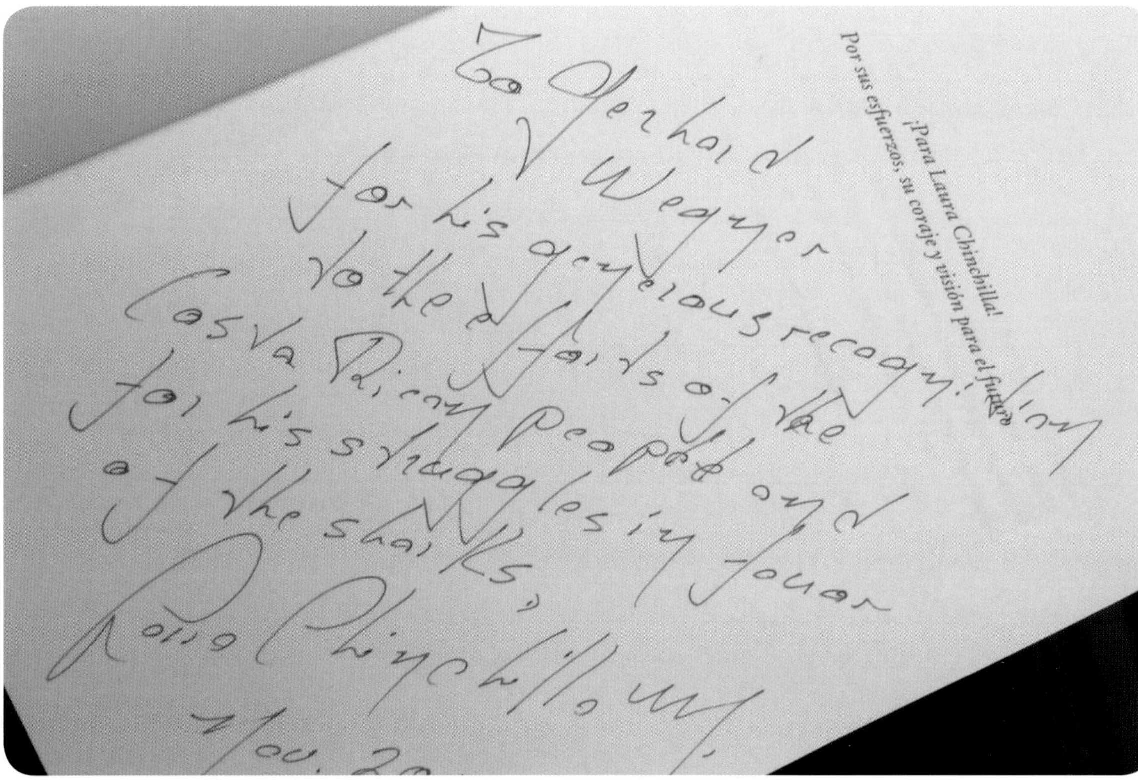

Na ja, das ist geschwindelt. Nicht alle!

Bei der Premiere meines neuesten Romans 2017 vor Freunden, der Presse und einigen Buchhändlern, zerhaute mir ein unverhofter Windows-Update kurz vorher den Ton. Alle meine von Schauspielern gesprochenen Texte, die ich wunderbar in meine Lesung eingebaut hatte, waren weg. Ebenso das für das Verständnis der ganzen Geschichte unverzichtbare Musik-Stück von Samy Deluxe.

Aber mir machte das nichts. Ehrlich! Ich blieb völlig ruhig. Statt der ursprünglich geplanten Lesung erzählte ich nämlich einfach die Geschichte von meiner damaligen Präsentation in San José und wie erleichtert ich sei, dass dieses Mal keine Präsidentin im Saal wäre.

Das kam an – der Ton nicht mehr. Da musste ich irgendwann improvisieren. Aber Improvisieren ist seit San José sowieso mein zweiter Vorname.

Gastbeitrag von Randall Arauz, Präsident der costa-ricanischen Meeresschutzorganisation PRETOMA

I met Gerhard Wegner back in 2005, when he came with a filmcrew to Costa Rica to visit Cocos Island and dive with sharks. I'm usually contacted by shark conservationists who visit Cocos, and seek more information on the shark finning issue in Costa Rica, and how to help. Being an activist, I meet with all these people, after all, my job is to find ways for global citizens to help attain the policy changes sharks need if we want them to sustain healthy populations into the future. I never suspected, however, that this new acquaintance would turn into such a successful long term partnership and friendship for the conservation of sharks.

Gerhard and SHARKPROJECT have helped us catapult the Costa Rican shark finning campaign to a global scale. Two Costa Rican Presidents have received the Shark Enemy Award (Abel Pacheco in 2006 and Luis Guillermo Solís in 2016) for failing to properly implement Costa Rican laws and international conventions for the conservation of endangered shark species. Furthermore, one Costa Rican President won the Shark Guardian Award (Laura Chinchilla in 2013), precisely for acting in favor of our public interest laws and terminating activities that facilitated shark finning activities.

The world expects Costa Rica to be the global conservation leader according to its global reputation. By exposing Costa Rica and demanding that it live up to its global reputation, it has been possible to elevate the campaign to the highest political levels, influencing domestic, regional and global policy. Fortunately, the people of Costa Rica have responded well to these campaigns, as they are also ashamed of the countries role in the demise of shark populations.

We look forward to contributing with SHARKPROJECT in the near future. We have to increase no-take areas, close fishing in essential reproductive habitats, promote seasonal closures. All this can be done, with the continued support of the Costa Rican people and the international shark conservation community, like SHARKPROJECT.

Thank you Gerhard!
Your friend
Randall Arauz

Das erste Mal einen Großen
Weißen Hai zu sehen.
Was für ein HAILIGHT!
Das es nicht nur flüchtige
Begegnungen im grünen
Planktongewitter sein müssen,
zeigt dieses Bild.
Aufgenommen vor der Insel
Guadalupe/Mexico.
Mein erstes Mal war jedoch
grün. Grün wie die Hoffnung.

MEIN ERSTES MAL?

| 14

Keine Angst. Es geht nicht um das, was ihr gerade denkt. Mit „mein erstes Mal" meine ich, meinen ersten Tauchgang mit einem Großen Weißen Hai. Der war nämlich ein echtes HAILIGHT. Oder auch nicht.

Doch lasst mich der Reihe nach erzählen: Die Idee war ebenso genial wie bescheuert. Es ging um unsere zweite SHARKPROJECT-DVD „ANGSTZINATION HAI". Für eine Szene brauchten wir einen Großen Weißen Hai im Gegenlicht. Der Idiot, der das Unterwasser filmen sollte, war ich. Demokratisch mit einem Streichholz abgestimmt. Dazu musste ich mich mit einem Rebreather (Kreislaufgerät, das keine Bubbles verursacht) unter unserem Boot positionieren und dann einfach abwarten, bis sich einer der angeköderten Haie zwischen mir und den Sonnenreflexionen an der Oberfläche befand. Da wir vom Boot aus den Boden sehen konnten, verzichteten wir auf einen Testtauchgang. Ich machte mich fertig und tauchte ab. Die Sicherheitsvorkehrungen waren südafrikanisch penibel. Ich hatte zwei Bojen dabei. Eine quietschgelb und die andere signalrot. Zum Auftauchen sollte ich zunächst die gelbe hochschießen. Auf dieses Zeichen würde André das Ködern einstellen. Der in Bereitschaft befindliche Sicherheitstaucher wurde zu mir abtauchen und gemeinsam würden wir uns beim Auftauchen sichern. Die signalrote Boje war nur für Notfälle, also z.B. wenn ich plötzlich keine Luft mehr bekäme oder so. Sehr unwahrscheinlich bei dem doppelten Luftsystem eines Rebreathers, doch es konnten ja durchaus noch andere Dinge passieren.

Und das taten sie auch. Ich war gerade ein paar Minuten unter Wasser. Einige Schritte vom Boot weg bei perfekten Bedingungen, d.h. gute Sicht und keine Strömung. Das hatte aber auch Nachteile. Das Bait (bestialisch stinkende Brühe aus Fischinnereien und Fischblut), das André zum Ködern ins Wasser schaufelte, senkte sich wie eine

Giftgaswolke auf mich herab. Aus Erfahrung wusste ich, wie mein Anzug nachher riechen würde und versuchte deshalb, dem Gestank aus dem Weg zu schwimmen. Da die Wolke immer breiter wurde, je weiter sie nach unten sank, schwamm ich eine fast eine halbe Runde

um das Boot. Damit war zwar die Gefahr von tagelangem Schrubben des Anzugs weg, aber auch die perfekte Position für die geplante Szene. Die war nämlich da, wo sich nun die Giftgaswolke befand. Und die wurde zusehends größer, weil André fleißig weiter schaufelte. So würde das mit der Filmaufnahme nichts werden. Wir mussten auf etwas Strömung warten. Also auftauchen. Gelb oder signalrot war jetzt die Frage. Zweifelnd schaute ich die Bojen an. Haie waren keine da, wie ich mich mit einem Rundumblick versicherte. Ich entschied mich für einen Direktaufstieg ohne Boje. Für einen Dekompressionsaufstieg gab es bei der kurzen Zeit unter Wasser keine Notwendigkeit. Also hoch und raus. Schnell und schmerzlos.

Ich weiß bis heute nicht, ob André sich nur einen Spaß mit mir gemacht hat, oder ob wirklich ein Hai direkt hinter mir war. Auf jeden Fall hatte ich nach Andrés „Rettungsversuch" jede Menge blauer Flecken.

Um nicht in letzter Sekunde eine Schaufelladung mit Bait auf den Kopf zu kriegen, tauchte ich leicht versetzt neben dem Boot auf. André schaute mich erstaunt an, fragte aber nicht lange und stellte das Ködern ein.

Ich schwamm zu der Leiter, hielt mich mit einer Hand fest und wollte gerade meine Flossen ausziehen, als mich plötzlich zwei kräftige Arme packten. Bevor ich nachdenken konnte, lag ich völlig überrascht und mit tüchtigen Prellungen mitten im Boot. Mit unbewegter Miene deutete André über die Bordwand. „Sorry, aber der Hai wollte dich fressen! Man sollte eben nicht mitten im Köderstrom auftauchen."
Erschrocken zog ich mich hoch und versuchte den Hai zu finden, der mich beinahe gerammt hätte.
Aber da war nix. Null-komma-gar-nix.

André beteuert bis heute, dass er mir mit seinem beherzten Griff das Leben gerettet hätte. Die Bootsbesatzung unterstützt seine Geschichte.
Nur ich bin misstrauisch. Ich vermute sehr stark, da gab es nie einen Hai und es handelte sich um einen der berüchtigten André-Scherze. Vielleicht wollte er mir auch nur den Versuch heimzahlen, seine ausgefeilten Sicherungssysteme missachtet zu haben.
Aber es ist eine gute Geschichte.

Gastbeitrag André Hartman

„Gerhard meinte, in diesem Buch hätte ich die Gelegenheit, endlich einmal die Wahrheit über diesen Tauchgang zu erzählen. Aber wer weiß das noch nach so langer Zeit? Ich glaube, da war ein Hai, aber ganz sicher bin ich mir nicht. War ja auch nicht der erste, den ich gesehen habe. Aber verdient hätte Gerhard seinen ersten Freitauchgang mit einem Großen Weißen Hai schon gehabt. Ich fand, er war extrem mutig an dem Tag. Ich wäre wahrscheinlich bei dieser Sicht nicht getaucht!“
:-)

André Hartman

Sollte mich jemand fragen, was mein persönliches HAILIGHT in all den Jahren war, würde ich - ohne zu zögern - unsere U-Boot-Expedition nennen. Gemeinsam mit meinen Freunden Peter Arnold und André Hartman war es die arbeitsreichste, emotionalste und abenteuerlichste Zeit meines Lebens.
Davon handeln die nächsten zwei Geschichten. Hundert andere sind in meinem Kopf.

THINK BIG!

| 15

Wie gesagt, ich bin misstrauisch und glaube, bei der vorherigen Geschichte guten Grund dazu gehabt zu haben. Deshalb zähle ich den Rebreathertauchgang auch nicht als meinen ersten Tauchgang mit einem Großen Weißen Hai. Auch nicht den zweiten Tauchgang am gleichen Tag, wo ich in einer dunkelgrünen Suppe für einige Sekunden einen Hai sah. Nein, der erste Weiße Hai, der zählt, kam erst einige Zeit später. Und das ziemlich überraschend, denn Tauchgänge mit Weißen Haien sind in Südafrika streng verboten. Es gibt nur eine erlaubte Möglichkeit, nämlich Wissenschaftler oder Filmteams zu begleiten, die eine spezielle Erlaubnis hatten. Mein Freund André war hier die Geheimwaffe. Er ist nicht nur ein absoluter Experte für Weiße Haie, sondern auch geprüfter Sicherheitstaucher. In dieser doppelten Eigenschaft wurde er gerne angefordert. Und ich durfte mit.

Dieses Mal sollte es um eine einfache Arbeit gehen. Viele der Weißen Haie vor Südafrika sind mit einem Sender versehen. Beim Vorbeischwimmen an einem unter Wasser befestigten Empfangsgerät übertragen die Sender die speziellen Kenndaten der Haie. Für Wissenschaftler eine einzigartige Möglichkeit, die Wanderwege der Haie zu untersuchen.
Nachteil dieser Methode: Einmal im Jahr müssen die Empfangsgeräte ausgetauscht werden. Da sich das naturgemäß in Gebieten abspielt, in denen sich Weiße Haie aufhalten, ist die Demontage und Montage immer ein spannendes Spiel und gleichzeitig natürlich auch eine perfekte Chance für eine Begegnung unter Wasser. Dieses Mal durfte ich mit. Ich denke, dass MCM als genehmigende Behörde sich gedacht hatte, dass sowieso nie etwas dabei passiert. Aber damit hatten sie sich in diesem Fall getäuscht.
Für mich persönlich bedeutete dieser Tauchgang den Start in die wahnsinnigsten zwei Jahre meines Lebens.
Doch der Reihe nach. Wir waren zu dritt. Mein Freund Dr. Ryan Johnson, als verantwortlicher Wissenschaftler, mit André und mir im Schlepptau.

Es war der zweite Wechsel an dem Tag. Zur Erklärung: Mit einem kleinen Boot geht es raus und dann wird die GPS-Position des Empfängers gesucht. Da dies nie metergenau ist, wird der Anker geworfen und anschließend am Ankerseil abgetaucht. Mit einem Karabinerhaken, der am Ankerseil befestigt wird, beginnt dann der Suchkreis. Nach jeder Umrundung wird abhängig von der Sichtweite die Runde vergrößert. Solange bis jemand den Sender findet.

Dieser eine Weißhai-Tauchgang hatte es in sich und bescherte mir die verrücktesten zwei Jahre meines Lebens.

So war es zumindest bei der ersten Suche. Der zweite Tauchgang des Tages war einfacher. Wir hatten an der Stelle eine fantastische Sicht. Gut und gern um die fünfzehn Meter. Laut André gibt es das nur an wenigen Tagen im Jahr. Ansonsten sind grüne drei bis fünf Meter schon ein Höhepunkt. Bereits beim Abtauchen sahen wir den Empfänger, der mitten zwischen kleinen Felsbrocken im Boden steckte. Einfache Aufgabe, dachten wir. Doch dann kam sie. Ein gut viereinhalb Meter großes Weibchen. Die Größe allein war schon beeindruckend, aber sie war auch noch außerordentlich neugierig. Am Anfang fanden wir das noch spannend, wie sie direkt über uns hinwegschwamm, doch als sie immer wieder kam, wurde es beängstigend. Sie stalkte uns regelrecht. Und sie war clever. Jedes Mal wenn wir versuchten, den Empfänger zu tauschen, schwamm sie direkt auf uns zu. So, als ob sie den Tausch verhindern wollte. André versuchte, das Tier mit seinem Harpunenschaft auf Distanz zu halten, aber sie kam immer wieder und in zunehmend enger werdenden Kreisen. Es wurde Zeit, aufzutauchen. Gute Idee – doch der Hai hatte etwas dagegen. Sobald wir uns aufrichteten und auftauchen wollten, schwamm sie frontal auf uns zu. Um nicht gerammt zu werden, waren wir gezwungen, uns zwischen die Felsbrocken zu ducken.

Dann wurde die Luft knapp.
Zwei Tauchgänge hintereinander ließen nun einmal irgendwann die Luft aus jeder Flasche. Wir mussten hoch.
Ich weiß nicht, wer von Euch die Schildkrötentechnik der Römer kennt? So in etwa tauchten wir auf. Rücken an Rücken und Kameras und Empfänger dabei wie Schilde vor uns haltend. Der Hai immer um uns rum. Bis wir an der Oberfläche waren. André rief nach dem Boot und der Hai kam. Direkt auf uns zu, biss in meine Kamera und verschwand.
Oh Mann!
Kaum zurück in Gansbaai mussten wir deshalb auf einen Drink ins Buitesteen. Die gesamte Unterhaltung des Abends drehte sich um dieses Erlebnis. Wir waren uns einig, dass so ein Verhalten mehr als eigenartig war. Mit jedem Whiskey wurde das Verhalten noch eigenartiger. Als dann Ryan Johnson erzählte, dass die Angst vor dem Hai bei vielen Kollegen praktische Forschungen verhinderte, suchten wir spontan nach einer Lösung des Problems.
Und wir fanden sie. Genau so, wie Lösungen nach einigen Gläsern Whiskeys aussehen. Wir waren uns einig, dass alle sogenannten Haiexperten der Welt, über das Verhalten von Weißen Haien im Grunde nur mutmaßen können. Es gibt keine belegbaren Fakten, sondern nur Thesen und Ideen. Anatomische Dinge, die am Seziertisch erforscht werden können, sind gut belegt, aber über das Sozialverhalten zum Beispiel gibt es extrem wenige Forschungsergebnisse. Die Gründe dafür sind einerseits der unbekannte und „undurchsichtige" Lebensraum der Tiere und andererseits die Angst vor dem Weißen Hai. Die meisten Forscher trauen sich einfach nicht zu den Tieren ins Wasser und wenn, sehen sie nie mehr als einen Sekundenbruchteil im Leben der Tiere. Daraus Ableitungen für ihr Verhalten zu treffen, ist so, als ob Außerirdische aus gelegentlich aufgefangenen Funksprüchen das Verhaltensmuster der Menschheit bestimmen wollten.
Ryan brachte es auf den Punkt. Es müsste eine Möglichkeit geben, die Tiere unter Wasser zu verfolgen und länger zu beobachten, meinte er. Und dann kam die Idee. Man müsste ein U-Boot konstruieren, speziell für die Gewässer von Südafrika, mit dem Forscher die Haie in ihrem Lebensraum beobachten und folgen könnten.

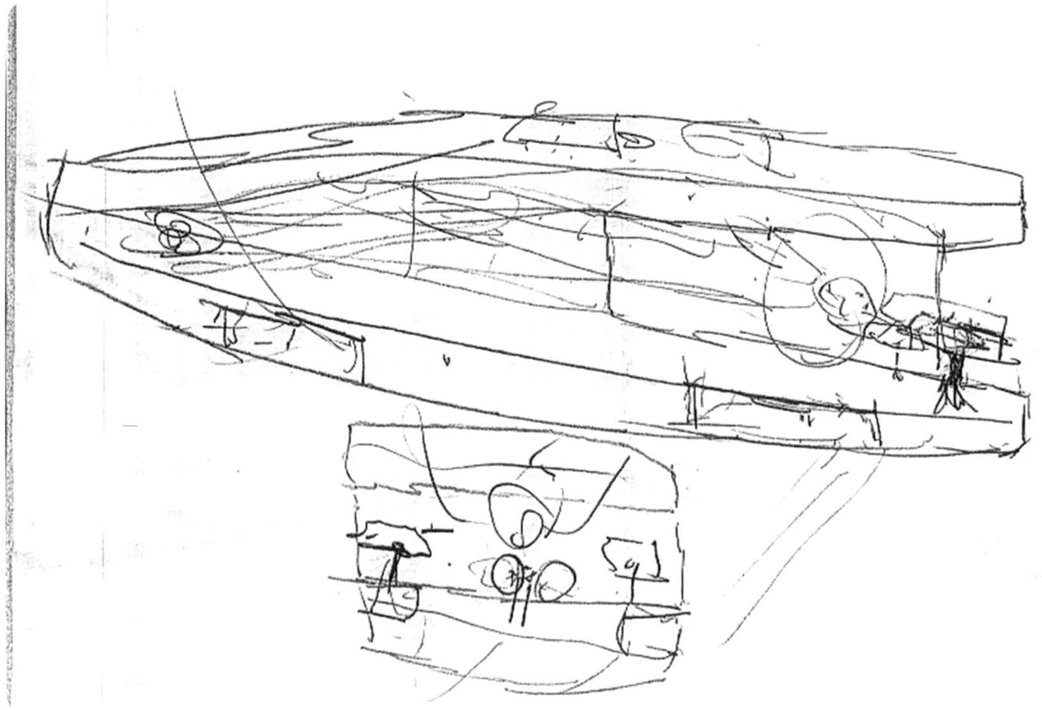

Die erste Idee. Kein schlechtes Design, wenn man die Menge Alkohol berücksichtigt, die wir bis dahin zur Beruhigung zu uns genommen hatten.

Wir fanden den Vorschlag an diesem Abend eine „geniale" Lösung und fantasierten noch eine ganze Weile über die Möglichkeiten. Vor allem zu Geburt und Paarung gibt es so gut wie keine Informationen. Hieran entzündete sich eine separate Diskussion.

Ich war elektrisiert – eine Dokumentation, die den gefürchteten Killer als Liebespaar oder als gebärende Mutter zeigen würde, wäre perfekt, um visuell mit den alten Vorurteilen aufzuräumen. Insgesamt eine ideale Gelegenheit, zur Entkriminalisierung der Tiere beizutragen.

Aber zurück auf die Erde. Wer sollte, wer konnte das bezahlen? Und wenn eine Dokumentation über Geburt und Paarung von Weißen Haien so einfach wäre, wieso hatte es dann noch keiner gemacht?

Zwei absolute Killerfragen für unsere „geniale" Idee, aber so war eben die Realität. Und die holte mich schneller ein, als ich wollte. Schon am nächsten Morgen ging es weiter nach Durban. Dort traf ich meine Familie für einen ausgedehnten Safariurlaub.

Und aus Deutschland erhielt ich die Nachricht, dass unsere Methylquecksilberkampagne gegen den Verkauf von Haifleisch erste Erfolge habe und zusätzliche Budgetmittel notwendig seien, um noch schneller voranzukommen.

Also kein Geld, keine Zeit und andere Prioritäten – schlechte Zeiten für unsere U-Boot-Idee. Trotzdem vereinbarte ich mit André noch vor meiner Abreise, dass wir beide weiter darüber nachdenken wollten.

Im Grunde ein typischer Begräbnisspruch für eine Idee, aber es sollte anders kommen.

In Deutschland zurück, sah ich durch Zufall einen Fernsehbericht über Carsten Standfuss, einen Hobby-U-Bootbauer, der damals gerade das größte private U-Boot Deutschlands baute. Kein Witz!
Es kostete mich zwei Anrufe, dann hatte ich ihn am Apparat. Noch während ich ihm von unserer vagen Idee eines Forschungs-U-Bootes für Weiße Haie erzählte, fing er schon an, zu konstruieren. Ich konnte gar nicht so schnell mitschreiben, wie er mir Vorschläge machte.
Zwei Tage später hielt ich einen ersten groben Entwurf von ihm in den Händen. Da ich nicht so recht wusste, was ich damit anfangen sollte, gab ich ihn – immer noch nicht ernst gemeint – an Wolfram Koch weiter, der daraus wiederum einen kurzen Animationsfilm machte.
Den schickte ich an einige unserer Sponsoren, zusammen mit der Idee. Die fanden das klasse. Es gab sogar schon die ersten, spontanen Finanzierungszusagen.

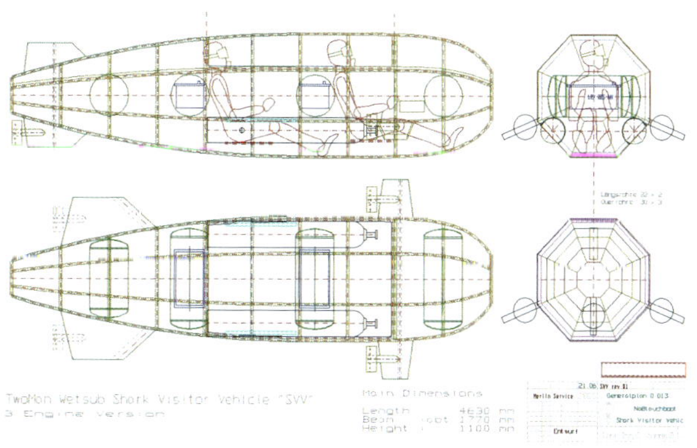

Das war der der erste von vielen Bauplänen und gleichzeitig der Start ins Abenteuer.

Aber so schnell schießen die Preußen nicht. Ehrlich gesagt, bekam ich eiskalte Füße, wenn ich an den Aufwand und die Kosten dachte. Es war ja nicht nur die Konstruktion und der Bau eines U-Bootes, von dem wir als Organisation keine Ahnung hatten, es müsste auch eine Expedition vorbereitet werden, wir benötigten einen Piloten, ein Team und ein Riesen-Extrabudget. Und vor allem bräuchten wir das MCM, das Marine and Coastal Management. Die südafrikanische Umwelt- und Forschungsbehörde hätte nämlich dabei ein entscheidendes Wort mitzureden.
Ihr merkt schon, es hatte mich – oder besser gesagt, es hatte uns – ein wenig gepackt. Wir hatten kein Geld, keine Ahnung, kein Team, keinen Piloten, keinen wissenschaftlichen Auftrag, aber irgendwie sprach diese Idee bei allen, die darin involviert waren, ein tief verstecktes Abenteuer-Gen an.
Zu diesem Zeitpunkt kam eine Einladung des MCM, das durch Ryan von unserer U-Boot-Idee gehört hatte. Sie waren interessiert und wollten mehr darüber erfahren.

Upps!
Nun wurde es Zeit, einmal innezuhalten und zu überlegen, was so ein U-Boot-Einsatz uns als Organisation überhaupt nutzen konnte.
Wen überrascht`s: Die positiven Argumente gewannen mit weitem Abstand. Hier die wichtigsten:

+ Kommunikation über Wissenschaft und Abenteuer, d.h. eine Lücke in der Angstmauer, durch die wir mehr Menschen erreichen konnten. (Siehe dazu unsere Bierdeckel-Strategie)
+ Gute Kontakte zum MCM, die wir für unsere Lobbyarbeit für Südafrikas Haie dringend brauchten
+ Intensive Kontakte zu Wissenschaftlern und Forschern = Lobbyarbeit
+ Neue Forschungsergebnisse, die uns eventuell in unserer Arbeit zum Schutz der Haie helfen würden

Wir entschieden uns für den Weg der kleinen (für SHARKPROJECT vorerst kostenlosen) Schritte, d.h. zunächst erst einmal auf eigene Kosten nach Südafrika fliegen, um mit dem MCM zu sprechen.

Ohne die Sponsoren und die vielen Einzelspenden unserer „250.000 Pixel unter dem Meer“-Aktionswebsite wäre SOVIE nie geboren worden. Jeder Pixel stand dabei für EUR 20,- Spendensumme.

Vielleicht war die Idee ja schon nach diesem ersten Gespräch tot. Dann müssten wir uns sowieso keine weiteren Gedanken machen. Aber das war nicht so. Im Gegenteil. Das MCM fand die Idee sensationell. Ein bisschen hat dazu sicherlich auch unser Animationsfilm beigetragen und der jetzt doch schon sehr viel aussagekräftigere Entwurf, den ich mitbrachte.

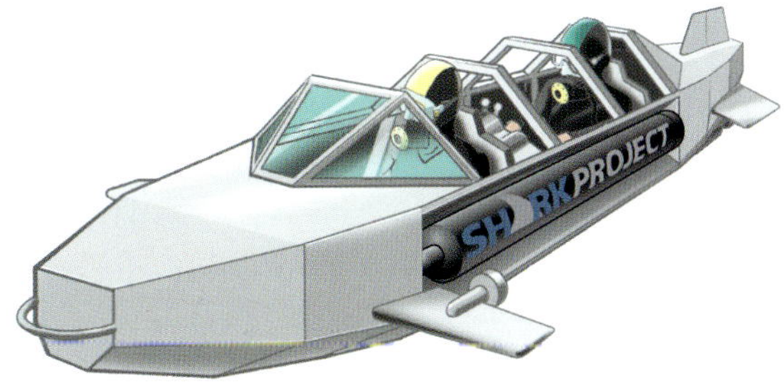

Mit einem Rucksack voller neuer Anforderungen des MCM flog ich zwei Tage später zurück nach Deutschland. Auf einer eilends einberufenen MCM-Konferenz hatten uns zuvor leitende Forscher und Wissenschaftler ihre Anforderungsprofile für die U-Boot-Konstruktion mitgegeben. Geschwindigkeit, Wendigkeit, Kamerastandorte usw. usw.

Doppel-Upps!

Es wurde jetzt tatsächlich ernst. Aus der anfangs belächelten U-Boot-Idee könnte eine richtige Kampagne werden. Wir mussten uns entscheiden.

Klar war, dass wir auf keinen Fall unsere normalen Budgets belasten konnten und wollten. Die Finanzierung musste aus anderen Quellen erfolgen. Während Carsten Standfuss unser U-Boot-Konstrukteur, den Entwurf anhand der neuen Anforderungen überarbeitete, sprach ich zunächst einige potenzielle Sponsoren an. Und obwohl wir noch keine genaue Kalkulation vorweisen konnten, bekamen wir von fast allen spontane Zusagen.

An ein Gespräch erinnere ich mich besonders. „Das mag ich an SHARKPROJECT“, meinte mein Gesprächspartner. „Euer Motto ist immer THINK BIG! Das Klein-klein ist wirklich nicht euer Ding!“

Tja, vielleicht hat er ja recht. Auf jeden Fall starteten wir das Abenteuer einstimmig.

Wie lange war das U-Boot im Einsatz?

Ziemlich genau zwölf Monate. Vom 8.9.2006 bis 30.9.2007.

Hat der strategische Kommunikationsweg über Wissenschaft und Abenteuer geklappt?

Wir wollten mit der U-Boot-Expedition die dramatische Situation der Weißen Haie an die Öffentlichkeit bringen. Unser Boot war Mittelpunkt vieler internationaler Medienproduktionen. Wir erreichten damit Millionen von Pressekontakten über Zeitschriften und Magazine, darunter auch eine siebenseitige Sonderreportage im PLAYBOY. Insgesamt eine riesige Presselawine für Haie, die ohne das Werkzeug „U-Boot" nicht möglich gewesen wäre.

Gab es neue Forschungserkenntnisse?

Wir wollten die Wissenschaft unterstützen, insbesondere Forschungs-arbeiten, die Argumente für den Schutz der Tiere erbringen. Während des Einsatzjahres lieferte unser Team Fakten für mehrere wissenschaftliche MCM-Missionen. Das waren unter anderem:

A) Auswirkungen des Käfigtauchens auf das Verhalten von Weißen Haien
B) Lokalisieren von Social Areas von Weißen Haien
C) Verhaltensänderungen von Weißen Haien beim Ködern
D) Auswirkungen von Köderformen auf das Neugierverhalten von Weißen Haien

Viel wichtiger als unsere Dokumentationen zu diesen Themen waren die Fragen, die durch unsere Arbeit neu aufgeworfen wurden, wie z.B.:

1. *Wie ist die Zusammensetzung der beobachteten Sozialgruppen von Weißen Haien vor Gansbaai?*
2. *Warum halten sich so große Gruppen von jungen Haien über Wochen stationär in einem bestimmten, sehr begrenzten Gebiet auf?*
3. *Inwieweit beeinflusst das Angeln mit Ködern das Verhalten von Weißen Haien gegenüber Menschen?*

Und viele, viele Fragen mehr. Wir saßen manche Nacht vor dem Monitor und ließen bestimmte Videopassagen immer und immer wieder laufen. Die Fragen, die sich aus diesen Beobachtungen ergaben, würden für eine ganze Forschungsgeneration reichen.
Herman Oosthuizen vom MCM drückte es so aus: Richtige Forschung beginnt mit den richtigen Fragen. Auch hier hat unser U-Boot beeindruckend gepunktet.

Was war für Dich persönlich das einprägsamste Erlebnis dieser Expedition?

Ohne Zweifel die Entdeckung einer Social Area für neugeborene Weiße Haie. Mit Helikopter zählten wir auf drei Kilometer Küstenlinie fünfundachtzig (85!) junge Weiße Haie. Die sofortigen Tauchgänge gestalteten sich mehr als schwierig. Die Tiere waren dicht beim Badestrand und die starke Brandung machte Foto- und Filmaufnahmen mehr als schwierig. Trotzdem gelangen einige beeindruckende Aufnahmen. Das MCM erklärte unsere Entdeckung sofort zur Geheimsache, da man wohl Panikattacken der Bevölkerung befürchtete. Bis heute ist der Strand noch ein Geheimtipp, nur nicht unter den Wissenschaftlern. Die tummeln sich dort seit unserer Entdeckung in Scharen.

Es war noch ein langer Weg von der Skizze und Finanzierung bis zum Einsatz in Südafrika. Davon handelt auch die nächste HAILIGHT-Geschichte. Für uns war es ein mehr als voller Erfolg.

Wie waren diese zwölf Monate unter Weißen Haien?

Superanstrengend und superspannend. Einen kleinen Eindruck von der Praxisarbeit gibt die nächste Geschichte. Wer mehr wissen will, dem empfehlen wir unser Buch „12 Monate unter Weißen Haien", erschienen 2007 im Kosmos-Verlag. Aktuell leider ausverkauft, aber es gibt noch gebrauchte Exemplare bei Amazon und in modernen Antiquariaten. Es lohnt sich. :-)

Daran kann ich mich sehr gut erinnern. Immer wenn wir in den Köderstrom fuhren, wurden wir für die Haie interessant. Sie bissen in das U-Boot, berührten es mit den Flossen oder ihrem Körper und waren ausgesprochen neugierig. Manches Mal lief es aber auch recht unglücklich für uns. Von einem solchen Vorfall handelt die nächste Geschichte.

EIN ZIEMLICH DOOFER TAG IN SÜDAFRIKA

| 16

Bei unserer U-Boot-Expedition gab es perfekte Tage und es gab andere. Von einem solchen anderen Tag handelt die folgende HAILIGHT-Geschichte. Sie zeigt exemplarisch die unendlichen Schwierigkeiten, denen unser Team jeden Tag ausgesetzt war.

Peter Arnold, der U-Boot-Bauer, und ich waren wieder einmal unterwegs nach Gansbaai. Es gab zwei Gründe. Zum einen der allzu häufige Austausch der Schraubenwelle und zum anderen der Beginn einer neuen Forschungsfahrt.

Die Schraubenwelle war ein dickes Problem. Unser Ersatzteil-Budget war längst überzogen. Im Schnitt alle zwei Wochen musste die Welle getauscht werden. Zusammen mit den Transportkosten machte das rund 400 Euro pro Austausch. Das Schlimmste daran war, dass niemand wusste, weshalb die Welle immer kaputtging. Es handelte sich um ein bewährtes Produkt und die Praxisanforderungen bei uns lagen sicher in der Norm.

Peter Arnold, der Konstrukteur und U-Boot-Bauer vor seinem Kind.

Als uns der Wellenlieferant wegen der häufigen Bestellung einen Großhändlerrabatt anbot, entschieden wir, die Ursache zu finden. Mag sein, dass es bescheuert war, wegen im Schnitt 800 Euro Ersatzteilkosten im Monat, mehrere Tausend Euro für eine Reise zu investieren, aber da gab es ja noch den zweiten Grund.

Im Auftrag des MCM sollte unser U-Boot eine Frage lösen, die ganz Südafrika beschäftigte. War das Ködern der Haie vor der Küste der Grund für Haiunfälle?

Immer nach einem Haiunfall, also etwa 2-3 Mal pro Jahr, behaupteten das nämlich die südafrikanischen Medien. Sie machten es sich einfach. Für sie waren die Anbieter der Käfigtauchgänge mit ihrem vielen Ködern der Grund für Haiangriffe auf Schwimmer und Surfer vor der Küste.

Ihrer Ansicht nach trieb die Strömung den Ködergeruch bis zur Küste und forcierte dadurch Angriffe. Eine zweite Meinung war, dass sich die Haie durch das permanente Ködern an Menschen als Nahrungsgeber gewöhnten.
Thesen, die Wissenschaftler und Forscher immer wieder zurückwiesen. Aber keine der beiden Seiten konnte seine Meinung beweisen. Das sollte jetzt unser U-Boot leisten bzw. Dr. Ryan Johnson, der im Auftrag des MCM diese Versuchsreihe durchführte. Die Idee war, mit dem U-Boot im Köderstrom zu kreuzen und das Verhalten der Haie zu dokumentieren. Zwei Fragestellungen sollten geklärt werden:

1. Reichte alleine der Geruch nach Köder wirklich aus, um Weiße Haie noch in mehreren Kilometer Entfernung zu einem Angriff zu animieren?
2. In welcher Entfernung bzw. bei welcher Verdünnung endete die Anziehungskraft des Köderns?

Ryan hatte eine mehrwöchige Versuchsreihe konzipiert. Die Aufgabe von SOVIE, dem U-Boot, war einfach. Sie sollte mitten im Köderstrom tauchen und das Verhalten der Tiere in verschiedenen Entfernungen dokumentieren. Klingt einfach. War es theoretisch auch, wenn denn die Welle funktionieren würde. Das Problem mussten wir erst einmal lösen.
Eine Funktionsprüfung der neuen Welle im Hafen verlief positiv. Keine Probleme erkennbar.
Dann ging es hinaus. Hierzu muss ich die Art und Weise erklären, wie wir unser U-Boot durch die Brandungswellen brachten. Das U-Boot einfach hinter unserem Motorboot herzuziehen, hätte nicht funktioniert. SOVIE lag zu tief im Wasser und wirkte dadurch wie ein Treibanker. Wir hätten normalerweise ein großes Trägerboot mit einem Kran gebraucht, aber das war unbezahlbar. Unsere Lösung war schlichtweg fantastisch. Wir hatten einen mobilen U-Boot-Hangar konstruiert. (Ist eine eigene Geschichte :-)) Im Grunde handelte es sich um ein nach hinten offenes Schlauchboot, das als Transportmittel diente. SOVIE wurde mit einer Winde hineingezogen. Das Gewicht zog das Zodiac zwar fast unter Wasser, doch schon bei kleiner Fahrt hob es sich aus dem Wasser und glitt geschmeidig wie ein Surfbrett über

die Wellen. Das Trägerboot konnte mit vollem Speed die Brandung durchqueren.

Eine geniale Idee, aber auch der Grund unserer permanent überdrehten Schraubenwelle, wie uns bei der Testfahrt schlagartig klar wurde. Unser U-Boot lag zwar fast komplett im Zodiac, aber der Antriebsteil ragte schräg ins Wasser. Durch die schnelle Fahrt unseres Motorbootes drehten sich auch die Propeller des U-Bootes weit über die genormte Drehzahl. Zwangsläufiges Ergebnis: eine defekte Antriebswelle.

Gut zu erkennen, wie das U-Boot im Zodiac-Träger über das Wasser gleitet. Das Hinterteil mit der Schraube sinkt dabei jedoch tief ins Wasser.

Der Grund war also simpel. Die Reparatur weniger. Wir hätten dafür einen anderen Propeller gebracht. Einen mit einer Art Feststellbremse. Das war so schnell nicht zu beschaffen. Ryan drängte aber auf einen zügigen Beginn der Forschungsreihe. Da hatte André, unser MacGyver, eine witzige Idee. Während wir uns noch die Köpfe heißredeten und Peter lautstark mit Lieferanten in Deutschland telefonierte, handelte André. Er schnitt aus einem dicken Stück Gummimatte einen breiten Streifen. Das eine Ende schraubte er an das hintere Ende des Zodiac. Dann zog er die Gummimatte unter der Schraube des U Bootes hindurch und band sie mit Schnüren oben am U-Boot fest. Ergebnis war ein simpler und genialer Strömungsschutz und eine ebenso einfache und funktionierende Feststellbremse für die Blätter des Propellers.

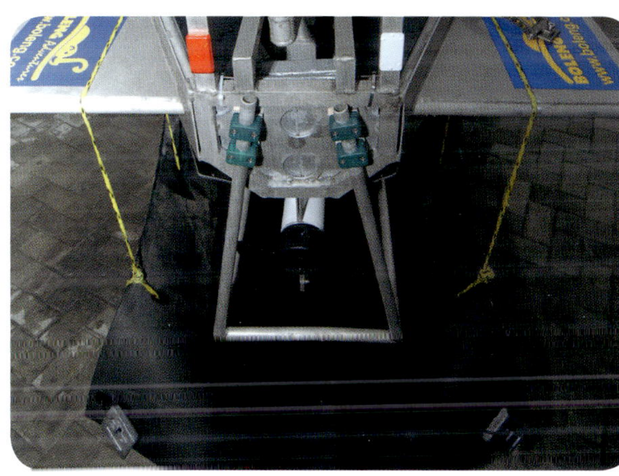

Problem erkannt, Problem gebannt. Eine einfache Gummimatte verhinderte das Überdrehen der Schraube bei hoher Schleppgeschwindigkeit.

Peter war sprachlos, ich auch, und die Antriebswelle überdrehte nie wieder.

Das klingt nun alles sehr einfach, hatte uns jedoch trotzdem einen ganzen wertvollen Tag gekostet. Aber was tut man nicht alles, um Ersatzteile im Wert von 800 Euro im Monat zu sparen.

Am nächsten Tag ging es dann auf die erste Fahrt der Forschungsreihe.

Peter und ich waren seit dem Start der Forschungsfahrten immer bei der ersten Phase eines neuen Projektes dabei. Zu viel konnte dabei schiefgehen, oftmals ergaben sich auch neue Anforderungen an das U-Boot. So konnten wir immer schnell und sofort reagieren. Und natürlich machten uns die neuen Abenteuer auch Spaß. Aber das bisschen Spaß war uns auch zu gönnen, da wir unsere Reisen ausschließlich auf privater Basis machten. Peter und ich haben niemals zusammengezählt, wie viel privates Geld uns das U-Boot-Abenteuer kostete. Falsch! Ich habe das nie zusammengezählt. Peter dagegen ist Schwabe.
Eine kleine Anekdote dazu: Aus Rache (weil ich ihn zu diesen privaten Ausgaben getrieben hätte!) trank er mir deshalb bei einem Besuch bei mir zuhause meinen teuersten Whiskey aus. Zumindest gab er das als Grund an.

Aber zurück nach Südafrika. Spaß sollte es uns auch dieses Mal machen. Es gibt auch nichts Schöneres, als morgens um 6 Uhr, wenn es noch so richtig klamm und kalt ist, durch eine starke Brandung hindurch aufs Meer zu fahren.
Falls das jetzt ironisch klingt, das ist nicht so gemeint. Es gibt wirklich nichts Schöneres.
Von uns allen kritisch beobachtet, machte Andrés Gummimatte eine gute Figur. Zuverlässig schirmte sie die Strömung ab und klemmte die Propellerblätter gleichzeitig fest.
Einfach genial! André ließ sich auch dementsprechend feiern.
Vor all den anderen Booten warfen wir Anker in der Shark Alley, zwischen den Inseln Dyers Island und Gyser Rock.
André fing an zu ködern. Eimerweise kippte er den stinkenden Fischbrei ins Wasser. Jetzt hieß es, Geduld zu zeigen.
Aus Erfahrung wollten wir das U-Boot erst fertigmachen, wenn die ersten Haie auftauchten. Wir warteten also, wärmten uns die klammen Hände an den Kaffeetassen und beobachteten, immer ungeduldiger werdend, wie langsam die Sonne höher stieg.
Endlich erschien die erste Rückenflosse und gleich danach eine zweite und dritte. Höchste Zeit, das U-Boot und uns fertigzumachen.
Und hier zeigte sich das Problem von Andrés genialer Idee. Vor Anker liegend lag das Zodiac wieder tief im Wasser.

Der genial einfache Schraubenschutz hatte nur ein Problem: Irgendjemand musste den Gummischutz vor dem Tauchen wieder entfernen.

Die Schnüre, mit denen die Gummimatte befestigt war, befand sich circa einen Meter unter Wasser.
Im Grunde kein Problem. Es musste nur einer von uns auf das schwankende Zodiac klettern, das dadurch noch tiefer ins Wasser sank, und dann mit einer Tauchermaske bewaffnet einen Meter tiefer nach den Schnüren suchen, sie lösen, die Gummimatte nach unten klappen und anschließend irgendwie wieder zurück aufs Trägerboot kommen.
Wie gesagt, im Grunde kein Problem.
Wir lösten das höchst demokratisch mit einigen Streichhölzern.
Der Gewinner hatte dann die Wahl, entweder mit einem Sprung auf das U-Boot zu beginnen oder es langsam und vorsichtig angehen zu lassen. André hatte einen Mordsspaß. Immer wenn das arme Schwein auf dem U-Boot gerade anfangen wollte, unter Wasser nach den Schnüren zu tasten, schrie er warnend „SHARK!!! SHARK!!!"
Er lachte sich dann weg, wenn derjenige zitternd wieder an Bord war
Wir mussten also mehrmals die Streichhölzer bemühen, bis das U-Boot endlich frei war.
Hier an der Stelle darf ich es verraten. Wir haben irgendwann gemeinsam geschummelt und André das kurze Holz zugeschoben. Sogar sein Sohn half dabei mit.
Und alle miteinander riefen wir begeistert: „SHARK! SHARK!", als er die Schnüre lösen wollte.

Der verflixte Tag war aber noch nicht zu Ende, und André sollte als Letzter lachen. Rache ist zuckersüß!

Peter und ich waren das erste Team. Unsere Aufgabe: Zunächst einmal mitten in den Köderstrom tauchen. Ryan wollte wissen, wie die Großen Weißen Haie (mittlerweile tummelten sich fünf Haie um unser Boot) auf das U-Boot reagieren würden.

André köderte inzwischen. Eimerweise. Die stinkenden Fischreste wurden von der Strömung sofort weggezogen. Leider nicht alles. Durch den Strömungsschatten des Bootes sammelte sich der Rest als schleimige, fettige Schicht auf der Oberfläche. Mitten drin lag unser U-Boot.

Jetzt begriff ich auch den verschmitzten Blick von André, mit dem er Peter und mich streifte. Wer schon einmal stinkende, fettige, schmierige Fischreste auf seinem Neoprenanzug hatte, weiß, was ich meine.

Aber mitgefangen, mitgehangen. Wir stiegen also ins U-Boot und damit mitten in die Brühe. Ich saß vorne als Kameramann und Peter hinten als Pilot. Während er den Antrieb klarmachte und die Tauchkammern flutete, klappte ich das Frontfenster des Dachkäfigs auf. Der Platz im U-Boot war ziemlich beschränkt, und um zumindest etwas Bewegungsfreiheit mit der Handkamera zu haben, hatten wir uns bewusst für das aufklappbare Fenster entschieden. Es war in erster Linie als Schutz des Kameramannes vor Wellen und Strömung während des Unter- und Überwasserfahrens gedacht. Aufgeklappt schaffte es mehr Bewegungsfreiheit für die Kamera. Gleichzeitig war das Fenster aber auch Notausstieg. Deshalb musste der Gitterabstand an dieser Stelle etwas größer sein. Groß genug, damit wir uns im Notfall hinauszwängen konnten, jedoch nicht so groß, dass ein Hai hindurchschwimmen konnte.

Wir hatten das Frontfenster noch offen. Das sollte sich rächen.

Durch den schmierigen Film auf meiner Tauchermaske und die dichte Köderbrühe rings um uns herum musste ich die Verriegelung des Fensters geradezu ertasten. Es wurde höchste Zeit, abzutauchen und wieder in klares Wasser zu kommen.

Ich drehte mich gerade zu Peter um, als eine Wasserbombe unser U-Boot traf. Genauso fühlte es sich nämlich an. Ich wurde nach oben gerissen und prallte dann mit voller Wucht gegen eine Art Airbag, der sich vor mir entfaltet hatte.
Dann ging´s nach unten. Und zwar ziemlich schnell. Ich hatte alle Mühe, den dringend notwendigen Druckausgleich zu schaffen, und keine Zeit, mich über all das zu wundern.
Ehrlich gesagt, ging mir der Hintern auf Grundeis. Ich schluckte, presste Luft in meine Nase und versuchte zwischendurch, die Schlieren auf meiner Maske wegzuwischen.
Das hätte ich besser gelassen. Denn dann sah ich, wer uns versenkt hatte.
Ein Hai war neben uns halb aus dem Wasser gesprungen und hatte sich beim Landen mit dem Kopf im vorderen Fenster festgeklemmt.
Direkt vor mir blickte ich in ein Auge und ein aufgerissenes Maul. Der Hai war mindestens ebenso erschrocken wie ich. Bevor wir uns aneinander gewöhnen konnten, knallte das U-Boot jedoch auf dem Boden auf. Der „Hai-Ballast" wurde herausgeschleudert und wir rasten übergangslos wieder der Oberfläche entgegen.
Das nächste, an das ich mich erinnere, sind die ungläubig aufgerissenen Augen unserer Bootsbesatzung.
„Kompliment!", sagte André trocken, als wir zurück an Bord unseres Trägerbootes waren. „Ich hätte nicht gedacht, dass ich euch so schnell nochmals wiedersehe!"
Danke, André!

Als wenn das nicht genug für einen Tag gewesen wäre, ging der verflixte Tag jetzt in seine zweite Runde.
Peter legte sein Veto gegen eine weitere Tauchfahrt ein. Er wollte zunächst einmal untersuchen, ob das U-Boot bei der Kollision einen größeren Schaden davongetragen hatte. Also schoben wir das U-Boot wieder auf das Zodiac, befestigten den Strömungsschutz (dieses Mal ohne SHARK!-Rufe), und ließen den schwimmenden U-Boot-Hangar an einer langen Leine hinter uns. Wir brauchten Platz um uns herum. Ryan, den seine Termine drückten, verlangte nämlich eine Gegenleistung für den Tauchstopp. Er wollte stattdessen heute eine Versuchsreihe mit Decoys, so nennt man Gummisilhouetten von

Noch eine blöde Idee. Ködern, fotografieren und dabei das Zodiac im Köderstrom vergessen. Titanic lässt grüßen.

Robben, starten. Also nicht zurück nach Gansbaai, was ich mir nach dem Vorfall von zuvor eigentlich gewünscht hatte, sondern noch einen ganzen Nachmittag auf See.

André bereitete die selbstgeschnitzten Decoys vor und Ryan machte alles für die Testreihe fertig. Wir waren alle sehr gespannt. Wie würden Weiße Haie im Köderstrom auf die Attrappen reagieren?

André köderte also weiter, und Ryan ließ die Attrappen in verschiedenen Abständen in der Strömung tanzen. Wir zählten vier Haie, eindeutig identifizierbar durch die Silhouetten und Narben ihrer Rückenflosse. Je nach Entfernung zum Boot veränderte sich ihr Verhalten messbar. Am Boot, mitten im dichten Köderstrom, wurden die Decoys unentwegt angestoßen oder zum Test gebissen. Je weiter sich der Köderstrom in der Strömung auffaserte, umso seltener interessierten sich die Haie für die Gummiattrappen.

Fasziniert sahen wir zu und vergaßen dabei, dass sich unser U-Boot-Träger auch im Köderstrom befand. Zwar weit hinter uns, aber noch deutlich im Zielgebiet neugieriger Haie.

Dann geschah es: Ein neu hinzugekommener Hai biss neugierig in den Gummiwulst des Zodiacs. Bumm, bäng – urplötzlich hatten wir ein Wrack an der Leine. Das Zodiac wurde nur noch von Restluft im hohlen Bug an der Oberfläche gehalten und das U-Boot wurde damit wieder zum Treibanker. Keine Chance zum Abschleppen in den nächsten Hafen.

Einer musste ins Wasser. Nach demokratischer Wahl kraulte einer von uns zum Wrack und versuchte, alles zu sichern.

Ein GAU (größter anzunehmender Unfall). Wir hatten das im Vorfeld x-mal andiskutiert, aber dann als „eigentlich unmöglich" beiseitegelegt.
Soweit zu Theorie und Praxis.
Jetzt hatten wir den Salat bzw. das Wrack am Hals. Der erste Bergungsversuch misslang. Beim Versuch, das U-Boot zu schleppen, riss die Leine.
Okay – sie musste geflickt bzw. ausgetauscht werden.
Im Grunde kein Problem. Einer von uns musste ins Wasser, hinschwimmen und eine neue Leine befestigen.
Wieder halfen die Streichhölzer.
Als die Leine das zweite Mal riss, dachten wir, es könnte eigentlich nicht schlimmer kommen. Aber da hatten wir die Rechnung ohne André gemacht. „Es kommt Sturm auf heute Abend", sagte er und deutete auf eine dunkle Wolkenwand am Horizont. „Wir sollten versuchen, das U-Boot bis dahin im Hafen zu haben!"(??)
Peter, der Daniel Düsentrieb unseres Teams, hatte dann irgendwann eine Idee. „Wenn wir es schaffen, das defekte Zodiac direkt zwischen den beiden Außenbordmotoren zu vertäuen, und das U-Boot mit der Winde darüber ziehen, müssten wir bei entsprechender Fahrt eigentlich wieder ins Gleiten kommen", sagte er und legte schon mal die Streichhölzer bereit.
Die brauchten wir auch. Denn freiwillig wollte keiner ins Wasser.
Der Plan war ja auch ziemlich abenteuerlich. Aber da niemand einen anderen hatte und der Gesamtverlust unseres U-Bootes auf dem Spiel stand, machten wir es.
Es dauerte etwas, bis das vertäute Zodiac und das U-Boot in einer Linie übereinander schwammen, anschließend gab André jedoch langsam Gas und – oh Wunder – das Zodiac schwebte wie von Zauberhand aus seiner vertikalen Lage unter das U-Boot, hob es an und dann glitten beide Boote über das Wasser.

Die Blitze, die hinter uns am Horizont aufleuchteten, interessierten uns nicht. Uns interessierte nur, ob André es schaffen würde, das Motorboot mit seinem sperrigen Anhängsel sicher in den Hafen zu bekommen. Dazu muss man wissen, dass Gansbaai einen sogenannten Gezeitenhafen hat. Also nur bei Flut genug Wasser zum Ein- und Auslaufen.

Nach einer genialen Idee von Peter Arnold zurrten wir die Einzelteile zwischen den beiden Außenbordern fest und steuerten vorsichtig die schmale Hafeneinfahrt an. MacGyver lässt grüßen.

Wir hatten damit ein klares Zeitfenster von nur noch einer halben Stunde. Wir mussten also so schnell wie möglich sein, hatten aber nur eine eingeschränkte Lenkfähigkeit, da das Zodiac zwischen den beiden Außenbordmotoren nur noch maximal 15 Grad Lenkspielraum gab.

Es war eine Meisterleistung von André, das Boot mit dem ersten Versuch in den Hafen zu navigieren, und nicht zuletzt auch eine Meisterleistung von Peter für die Idee.

Das vorherige Versenken des U-Bootes durch einen Hai und das Treibenlassen im Köderstrom zählten dagegen sicherlich nicht zu unseren Meisterleistungen.

Aber wie gesagt, es war die erste Fahrt und da konnte immer irgendetwas schiefgehen.

Danach machten wir es auch weitaus besser. :-)

Es dürfte niemanden wundern, dass wir bei der Rückfahrt vergessen hatten, die Gummimatte als Strömungsschutz anzubringen. Aber diese eine, letzte Welle bezahlten wir gerne aus eigener Tasche.

War das wirklich nur ein Tag?

Ja, wirklich. Aber Neptun sei Dank war es ein außergewöhnlich doofer Tag. Es gab zwar an jedem Einsatztag irgendwelche kleineren und größeren Probleme, doch so was wie diesen Tag haben wir nie mehr wieder erlebt.

Ist noch mehr passiert?

Wie im vorherigen Kapitel angedeutet, wir haben ein ganzes Buch über diese Expedition geschrieben. Für mich und sicherlich auch für Peter Arnold gehören diese Monate zu den aufreibendsten und abenteuerlichsten unseres Lebens.

Bei unserem geplanten Multimedia-Vortrag HAILIGHT werde ich einiges darüber erzählen. Seid mal gespannt.

Ist Ködern gefährlich?

Da möchte ich gerne unseren Freund André Hartman zitieren. Er hat in unserem gemeinsamen Buch „12 Monate unter Weißen Haien" einige schlaue Sätze dazu gesagt:

„Auch ich wurde als Pilot von SOVIE von einem springenden Weißen Hai getroffen. Das wurde von einigen Touristenbooten beobachtet und gleich weitergemeldet. Damals hieß es in den Medien, ein aggressiver Weißer Hai hätte unser U-Boot angegriffen und versenkt. Es gibt aber keine aggressiven Haie. Im Gegenteil.

Trafen wir bei einer Tauchfahrt auf einen Großen Weißen Hai, reagierte dieser eher vorsichtig und scheu. Fast schüchtern näherte er sich unserem U-Boot und beobachtete das fremde Ding. War jedoch Futter im Wasser, veränderte der Hai komplett sein Verhalten. Anfangs zwar immer noch vorsichtig, ging er dann sehr schnell in die Offensive, kam interessiert näher, berührte das Objekt teilweise mehrfach und einige der Tiere testeten das stabile Aluminium des Käfigs sogar mit einem Gaumenbiss. Dies aber immer nur, wenn wir im Köderstrom schwammen.

Ich möchte den beteiligten Wissenschaftlern nicht vorgreifen, aber als Fazit unserer kompletten Fahrt ist klar geworden, dass Futter im Wasser eine gefährliche Grundhaltung schafft. Die Gründe für einen Angriff sind vielfältiger. Da kommen noch andere Faktoren hinzu. Ich möchte aber sicherlich als Schwimmer nicht mitten durch einen Köderstrom schwimmen. Das hat auch SOVIE einige Beulen und Kratzer eingebracht."

Jetzt rede ich!
Ein Gast-Beitrag von Peter Arnold:
„Wenn ich hier schon als Schwabe beschimpft werde, möchte ich auch etwas dazu sagen:

Deutschland | Schreibtisch | 48°49'9.69"N – 9°23'7.18"E
5.075 nautische Meilen nördlich vom Kap der Guten Hoffnung
Gute Hoffnung … ja, die braucht man bei einer Expedition „12 Monate unter Weißen Haien", für die der Begriff „Experiment" manchmal richtiger gewesen wäre. Zu solch einer günstigen Gelegenheit baut man sich ja ein U-Boot und stellt beim Losfahren fest, dass man voll vergessen hat, den Führerschein dafür zu machen. Jedenfalls ist mir das so ergangen:

Bei den ersten Tauchfahrten war man so mit der Technik beschäftigt, dass man keinen einzigen Hai gesehen hat. Der Kopilot sitzt vorne und filmt, jubelt und deutet: „Fahr mal hierhin – überhol doch – nächste rechts", und hinten herrscht pures Chaos, weil man gerade ums nackte Überleben kämpft. Man muss ja nebenher noch tarieren, Druckausgleich machen, darf die Orientierung nicht verlieren und muss die Tauchtiefe beachten. Und dann hinterher immer die lustigen Fragen, ob du auch so viel Spaß gehabt und alles gesehen hast. Das macht dich fertig.
Gute Hoffnung … und Glück. Das braucht man bei der Arbeit mit wilden Tieren in einem manchmal noch wilderen Ozean. Sonst hilft die beste Vorbereitung und Technik nix:
Es gibt um die Insassen im U-Boot mehrere hauchdünne, aber salzwasserresistente und hoch-reißfeste Drahtseile. Hätte man alles aus Alurohr gemacht, wären die Kameraöffnungen viel zu klein gewesen. Und anfangs gab es so ein Stahlseil auch vorn unter dem aufklappbaren Frontfenster, um die Öffnung zu halbieren, ohne die Kamerasicht zu stören. Blöderweise ist aber genau das gleich gerissen, als ein Weißer Hai aus dem Wasser sprang, und noch viel blöder genau in diesem Fenster landete, wo Gerhard grad rausgeguckt hat.

Na ja, immerhin hat´s verhindert, dass er in die Brust gebissen wurde, und ich hab gedacht, das reparier ich heut Abend. Wollt ich auch, ehrlich. Hab´s dann aber irgendwie vergessen und es ging ja die restlichen 11 Monate auch so.

Und als mir einfiel, dass ich vergessen hatte, Gerhard zu sagen, dass ich vergessen hatte, das Stahlseil zu reparieren, war´s eh rum.

Aber in einem hat er recht:
Es gibt nichts Schöneres, als morgens von der Veranda aufs Meer zu sehen. Es ist kalt, alles ist klamm, der Kaffee dampft im Becher, die diesige Luft ist frisch und riecht nach Salz, die Möwen kreischen und du fragst dich, was du heute erleben wirst. Und du hoffst, dass wieder alles gut geht. Am Kap der Guten Hoffnung.
Als mich Gerhard bat, einen kurzen Gastbeitrag für dieses Buch zu schreiben, war ich sehr geehrt und wusste erst nicht so recht, was ich in wenigen Zeilen ohne Bezug und Zusammenhang erzählen könnte. Aber nach einer solch intensiven Zeit braucht man sich nicht lange zu erinnern, bis einem wieder so viel einfällt. Oft Kleinigkeiten, aber immer wertvoll, und auch heute noch, über 5.000 Meilen entfernt, riecht es morgens beim Kaffee auf der Veranda noch ein kleines bisschen nach Salz.

Danke, Gerhard, für diese Zeit. Die kann uns keiner mehr nehmen, das war schon einmalig. Ich wünsche dir viel Erfolg mit diesem Buch, und auch danke, dass du mich mal abends mit deinem 600 Jahre oder was weiß ich wie alten Whiskey allein gelassen hast und einfach ins Bett abgehauen bist.
Du weißt doch: Kleine Unaufmerksamkeiten rächen sich manchmal schnell in 12 Monaten unter Schwaben.

Dein Freund Peter

Kein anderes Tier steht so für
die Angst vor dem Hai wie der
Große Weiße Hai.
In ihm summiert sich alles,
was wir fürchten: Groß,
furchterregende Zähne und ein
mediengemachtes Killerimage.

So war es naheliegend für
unser Kinderbuch einen Kleinen
Weißen Hai als Helden zu
nehmen. Vermenschlichen
ist zwar nicht ganz die hohe
Pädagogik-Schule, aber bei
dem Ausmaß des falschen
Images mussten wir zum
Dampfhammer greifen.
Ob der Versuch gelungen ist?
Oh, ja!

Der kleine Große Weiße Hai
Michel und sein kleiner roter
Freund Fridolin. Ein Traumpaar.

WIE MICHEL GEBOREN WURDE!

| 17

Michels Geburt war anders als normale Geburten und ebenso langwierig wie anstrengend. Alles fing damit an, dass ich vorschlug, unser Kinderprogramm auf größere Füße zu stellen. Mir schwebte ein Kinderbuch vor. Eines mit einem echten Hero, einem kleinen Weißen Hai. Ein richtiges Haikind noch, eines, das gerade dabei war, Haie und die Unterwasserwelt für sich zu entdecken. Spannende, kindgerechte Kurzgeschichten sollten entstehen. Dazu ein integrierter Sachteil, der kurz und knapp genügend Informationen vermittelte, damit Erwachsene sich den Kinderfragen stellen konnten.
Gute Idee. Das Problem war nur: Irgendjemand musste das jetzt machen! Bei SHARKPROJECT haben wir eine unschlagbare Methode entwickelt, um neue Ideen zu beurteilen und umgehend zu delegieren: Wer die Idee hat, bekommt auch den Auftrag zur Realisierung. So stellen wir sicher, dass jede Idee mit Herzblut angegangen wird.

So blieb die Idee gleich an mir hängen. Das war nicht ganz meine Absicht gewesen. Zunächst versuchte ich es deshalb mit Weiterdelegieren. Ich schaute mich dafür auf dem Buchmarkt um. Gab es so etwas vielleicht schon?
Kurze Antwort: Nein!
Nächste Frage: Würden wir einen Autor und/oder Illustrator auf dem freien Markt finden, der uns kostenlos helfen würde?
Kurze Antwort: Nein!
Uns blieb also nur die einzige Chance, es selber zu machen.
Deshalb fragte ich Johanna, meine Tochter, ob sie nicht Lust dazu hätte, gemeinsam mit mir daran zu arbeiten. Schreiben kann sie, und mit ihrem Fachstudienbereich Kinderliteratur war sie geradezu dafür prädestiniert.
Zusammen entwickelten wir die Zeichenfigur eines jungen Weißen Hais und nannten ihn SAMMIE. Den Namen fanden wir beide klasse, weil er sowohl für Mädchen als auch für Jungs stand. SAMMIE brauchte natürlich einen Freund. Vorwitzig sollte er sein, etwas rechthaberisch, aber in letzter Konsequenz der beste Freund, den SAMMIE haben konnte. Der Name war schnell gefunden: FRIDOLIN.

So hieß nämlich der kleine Drache, den ich vor vielen Jahren für meine Kinder erfunden hatte. Zu einer Zeit, als sie noch Gutenachtgeschichten hören wollten.

An der Stelle ein Geständnis: Ich habe es nicht so mit Namen. Irgendwie versagen in dieser Hinsicht mein Langzeit- und mein Kurzzeitgedächtnis gleichzeitig. Das hat mich schon öfters in ziemlich blöde Situationen gebracht. Besonders die „boot", bei der ich jeden Tag unzählige Bekannte treffe, ist für mich oft ein mehr als peinlicher Hürdenlauf.

Deshalb spreche ich Freunde und Bekannte immer mit Du an und verwende erfundene Namen aus meinen Büchern auch gerne für mehrere Bücher. Das macht es für mich einfacher.

Aus diesem Grund kam auch FRIDOLIN wieder zu Ehren.

Mit ihm und SAMMIE als Helden konzipierten Johanna und ich das erste Buch.

„SAMMIE, der kleine Haiforscher"

Als wir fertig waren, erschien uns das eine Buch jedoch zu wenig. Hier ging es nur um Haie. Ihre Unterschiede, ihre Anatomie, ihre Zähne – alles interessant und mit wirklich informativen Sachkapiteln. Aber zufrieden waren wir beide nicht.

Unsere beiden Helden lebten inmitten eines der bedrohtesten Ökosysteme der Welt, und wir machten in unseren Geschichten einen auf heile Welt. Das passte nicht. Vor allem nicht zu SHARKPROJECT als Herausgeber.

Also setzten wir gleich noch ein Buch dahinter.

„SAMMIE, der kleine Meeresschützer"

Hier ging es jetzt um Plastik im Meer, ein Leck in einer Öl-Pipeline, Schleppnetzfischerei und ähnliche Katastrophen.

Wir entschlossen uns, beide Bücher auf einmal herauszubringen. Aus Verlegersicht eine blöde Idee, aber – wie gesagt – uns erschien das damals wichtig.

Oh, ich habe unseren Illustrator ganz vergessen. Das muss ich gleich nachholen. Vorab: Ich kann einigermaßen zeichnen und habe mir bisher auch schon drei Cartoonbücher abgerungen, aber für SAMMIE reichte mir das nicht aus. Hier wollten wir einen Profi. Neptun sei Dank kannte ich einen. Meinen alten Freund Holger Giese.

Holger war, gefühlte hundert Jahre zurück, einer meiner Partner in meiner ersten Werbeagentur und ist einer der talentiertesten Zeichner, die ich je kennenlernen durfte. Er gilt als Vater vieler beliebter Figuren einer Schokoladen-Ei-Firma, die wir damals als Hauptkunden hatten.

Erste Skizzen von Sammie.

Michel und Fridolin haben inzwischen ein ganzes Imperium aufgebaut. Vom Hörbuch über Puppentheater bis hin zu einem umfangreichen, mehrsprachigen Schulprogramm.

So schuf er z.B. die Tapsi Törtels, die Happy Hippos, die Peppi Pingos und ungezählte weitere Figuren, die alle mit den gleichen Buchstaben anfangen. Wer Schokolade mag, weiß, was ich meine.
Nun war er in Rente und wartete nur auf die Gelegenheit, neue Helden zu schaffen. Und das völlig umsonst. Zumindest redete ich ihm das ein. Mit Begeisterung war er dabei und illustrierte unsere ersten zwei SAMMIE-Bücher.
Anschließend ging es an die Reinzeichnung. Auch der Druck war bereits angefragt. Alles in trockenen Tüchern sollte man meinen.
Dann kam im Oktober „SAMMY – der Film" in die Kinos. Ein wirklich süßer Film, nur leider mit einem falschen Namen.
Okay, dieser SAMMY wurde mit Y geschrieben, unserer mit IE – aber diese Unterschiede würde keiner verstehen. SAMMY war auch kein Hai, sondern eine Seeschildkröte, aber auch sie erlebte diverse Abenteuer unter Wasser, darunter eine Ölkatastrophe und war Gefangene in einem Schleppnetz. Das war uns zu nahe beisammen. Vielleicht wäre sogar noch irgendein Kritiker auf die Idee gekommen, wir wollten von dem Filmhype profitieren und hätten den Namen geklaut. Nein – ein anderer Name musste her.
Zum Glück hatte der Drehbuchautor nicht auch noch einen kleinen roten Krebs mit Namen FRIDOLIN in seinem Film verbraten. Der zumindest blieb uns.
Tagelang wälzten Johanna und ich diverse Namen hin und her.

Der eine war uns zu sehr Junge, der andere zu sehr Mädchen. Über andere Namen stritten wir uns, nur weil uns nichts anderes einfiel.
Da kam Johanna auf eine grandiose Idee. „Lass uns doch einmal aufzählen, wie unser SAMMIE tickt", sagte sie, „dann fällt uns vielleicht der Name automatisch ein."
Einen Versuch war das allemal wert und wir zählten auf:
Unser SAMMIE ist:

1. Einer, der einen Freund niemals im Stich lassen würde.
2. Er ist verdammt pfiffig. Ihm fällt immer etwas ein.
3. SAMMIE hat ein ausgeprägtes Gerechtigkeitsempfinden.
4. Es dauert, bis er mit einem Fremden warm wird. Aber dann ist er der beste Freund, den man sich wünschen kann.
5. Er ist sehr ausgeglichen, kann aber auch wütend werden.

„Michel!", sagte Johanna. Überrascht sah ich sie an.
„Das ist Michel, wie er leibt und lebt!", wiederholte sie noch einmal.
„Ich dachte, wir wollten keinen typischen Jungennamen", versuchte ich einzuwenden, aber gegen eine entschlossene Tochter kann kein Vater der Welt etwas ausrichten. Und zugegeben, sie hatte recht: Michel, ihr Bruder und mein Sohn, passte zu dem Charakter unseres kleinen Hais, wie die Faust aufs Auge oder besser ausgedrückt: wie der Einsiedlerkrebs ins Gehäuse.
Seit dieser Zeit heißt SAMMIE also MICHEL, und es hat ihm nicht geschadet. Vier Bände sind bisher erschienen. Hinter jeder Vorlesegeschichte befindet sich ein informativer Sachteil, damit Erwachsene auf die Kinderfragen auch antworten können. Und die kommen so sicher, wie ein Schleppnetz den Nordseeboden 20 mal pro Jahr aufwühlt. Kinder lieben MICHEL und FRIDOLIN. Das zeigen sie bei unzähligen Lesungen in Schulen, Kindergärten und bei SHARKPROJECT-Veranstaltungen. Passend dazu gibt es ein MICHEL-Lied, gesungen von THE TENDERS, ein MICHEL-Puppenspiel, Schulprogramme in mehreren Sprachen, Zeichenbögen, Aufkleber, Autogrammkarten und viele andere Dinge, die Stars eben so brauchen.
FRIDOLIN ist immer noch MICHELS bester Freund, auch wenn Johanna, Holger und ich uns in den diversen Bänden nicht immer darüber einigen konnten, auf welcher Seite dieser kleine, rote Krebs eigentlich seine einzige Schere trägt. Die Tücken der Illustration eben.

Ich kann da mitreden. Beim letzten Band ist Holger leider gesundheitlich ausgefallen und ich musste selbst zeichnen. Aber selbst das hat unseren beiden Helden nicht geschadet.
Der aktuelle Band „MICHEL und die Fischräuber" war kurz nach Erscheinen bereits ausverkauft. In Vorbereitung ist eine englischsprachige Ausgabe aller bisherigen Bände und eine komplette E-Book-Kollektion, ebenfalls in deutsch und englisch. Dazu gibt es Schulprogramme in deutsch, englisch, italienisch, spanisch und portugiesisch.
Keine schlechte Karriere für einen kleinen Weißen Hai und einen winzigen, roten Krebs.

Und – last but not least – der Name MICHEL passt zu meinem Autoren-Tick, einen Namen immer mehrfach zu verwenden. So wird auch der Held meiner Thriller-Reihe um das ODYSSEE-Team immer nur „Mitch" gerufen. Und dass im letzten Michelband auch Namen wie JONAS und LOTTE vorkommen, ist ebenfalls kein Zufall. So heißen nämlich meine Enkel.
Ich hoffe, dass es den beiden gefällt, wenn sie älter sind und meine Bücher selbst lesen können. Aber ich denke ja. Schon jetzt liebt Jonas die Geschichten von MICHEL, die ich ihm immer vorlesen muss und natürlich kennt er schon die die Zahnunterschiede von Weißen Haien und Tigerhaien. Ab und zu erwische ich ihn auch, wie er die ersten Takte des Michelliedes singt.
Wo er das wohl herhat?

Gastbeitrag:
Johanna Ricker

Zwei Autoren – ein Buch
Immer wieder bekommen wir die Fragen gestellt: Wer schreibt? Wer korrigiert? Wer hat die Ideen?
Aber so genau können wir das gar nicht beantworten. Vor dem Buch sitzen wir natürlich zusammen und überlegen uns die Themen für die einzelnen Geschichten. Aber dann fängt jeder mit einer Geschichte an, der andere steuert Ideen bei, schreibt noch etwas um, anschließend wird noch einmal dran gefeilt und am Ende kann keiner mehr sagen, das habe ich geschrieben. Zum Glück ergänzen wir uns sehr gut beim Schreiben und den Schreibstil habe ich definitiv von Gerhard geerbt.
Daher macht das Zusammen-Schreiben immer wieder Spaß und man lernt auch beim eigenen Buch-Schreiben immer wieder etwas Neues dazu.

Johanna Ricker

Haiunfälle sind recht fragwürdige HAILIGHTS. Aber mit nichts kann man mehr Menschen interessieren. Das zeigen die Erfolge meiner Bücher über Haiunfälle. Unfallserien, wie sie sich z.B in Ägypten ereigneten, sind wissenschaftlich nicht erklärbar und führen zu noch mehr Angst. Für uns Anlass, das Thema einmal völlig anders anzugehen.

Ägypten im Ausnahmezustand.
HAIE
zerfleischen deutsche
Urlauberin!

BLIND DATES IN ÄGYPTEN

| 18

Sharm El Sheikh (Ägypten)
Am 6. Dezember 2010, ziemlich genau um 15:55 Uhr, hatte die Unfallserie ihren traurigen Höhepunkt. Eine deutsche Urlauberin starb nach einem Haiangriff, und das nur wenige Tage nach der blutigen Attacke eines Hais (des gleichen?) auf vier Touristen ebenfalls in Sharm El Sheikh.
Ein Badeparadies stand unter Vollschock. Strände wurden geschlossen. Bewaffnete Polizisten patrouillierten mit ihren Booten vor der Küste und warteten, ob sich eine Rückenflosse zeigte.

In Deutschland stand mein Telefon nicht mehr still. Gefühlt tausend Interviews gab ich in diesen Tagen. Kamerateams gingen in meinem Arbeitszimmer ein und aus. Die Haiattacken in Ägypten waren die Pressesensation schlechthin. Warum, ist mir immer noch nicht ganz klar. Aber es war sicherlich die Kombination „Eine Tote aus Deutschland, Weihnachten, Urlaub und viel Blut", die die deutsche Medienlandschaft zum Kochen brachte.

Der Weißspitzenhochseehai gehört bei allen Unfällen zu dem Kreis der Verdächtigen.

Jeder wollte von mir wissen, weshalb diese Unfälle passiert waren. Ich hatte zwar Fotos und Unfallberichte, doch was sagte das schon aus? Normal war das sicher nicht. Es musste eine Ursache geben. Aber im Gegensatz zu anderen „Experten", die zielsicher von Schafskadavern fabulierten, die dort im Wasser getrieben wären, oder noch größeren Blödsinn verzapften, versuchte ich, mit den wenigen Unfallzahlen pro Jahr zu argumentieren und das Ganze wieder auf eine vernünftige Basis zu bringen. Die Presseleute hörten sich das an und fragten dann zum Abschluss hartnäckig, ob es denn nicht genauer ginge. Ihre Leser hätten schließlich ein Anrecht auf die ganze blutige Wahrheit. GRRR! Ich hatte von unser Partnerorganisation HEPCA aus Ägypten zwar Fotos und Unfallberichte vorliegen, aber die genauen Gründe der verschiedenen Unfälle ergaben sich daraus nicht zwangsläufig.

Ägypten im Ausnahmezustand.

Blut

HAIE zerfleischen deutsche Urlauberin!

(Sharm el-Sheikh) Eine Serie von Haiattacken, die in der vergangenen Woche schon mehrere Opfer gefordert hatte, bekam nur einen blutigen Höhepunkt, als eine deutsche Touristin beim Schwimmen regelrecht zerfleischt wurde. Nach Berichten der ägyptischen Behörden schwamm sie alleine in etwa 20 Meter Entfernung vor dem Badestrand als der Haie auf sie zu schwamm und ohne Vorwarnung mehrfach biss.

Die Haiunfall-Serie in Ägypten war 2010 das Pressethema schlechthin.

Das hinderte jedoch einige selbsternannte Experten nicht daran, eigene und zum Teil sehr abstruse Thesen als alleinige Wahrheit zu verbreiten. So waren bei dem einen Schafskadaver schuld, die ein somalischer Frachter vor der Küste über Bord geworfen hatte, beim anderen war es die Überfischung der Meere, die die Haie dazu zwang, jetzt vor der Küste nach Nahrung zu suchen, und so weiter und so weiter. Thesen und Antithesen blühten, und es fehlte nicht viel, dass die Experten sich noch deswegen prügelten. Trotz des Drängens der Journalisten hielt sich SHARKPROJECT mit Vermutungen und Spekulationen zurück. Wir argumentierten mit den wenigen Haiunfällen weltweit. Dazu versuchten wir, die Unfälle auch mit dem normalen Verhalten der Tiere und dem abnormalen Verhalten der Menschen zu erklären.

Das unterschied uns deutlich von all den anderen Experten, die ihre These jeweils als alleinige Wahrheit verkauften.

In Ägypten standen die Tourismusverantwortlichen vor der gleichen Problematik wie der Bürgermeister aus dem Film „Der Weiße Hai“: Sollten sie die Strände sperren, Haie vor der Küste abfischen oder einfach darauf vertrauen, dass die Unfallserie zu Ende war?

Sie entschieden sich für die Strandsperrung und das Abfischen. Aus unserer Sicht die falsche Entscheidung. Um es kurz zusammenzufassen: Wir vermuteten, dass durch veränderte Wasserbedingungen die Fischschwärme näher am Ufer waren als sonst, und die Haie ihnen folgten. Oder dass sie den Safaribooten folgten, die in den Hafen wollten. Dann die Badegäste und Schnorchler mit zum Teil hektischen Bewegungen. Diese Bewegungen werden von Haien als Geräusche wahrgenommen und je hektischer und nervöser, umso eher klingt es wie ein verletzter Fisch – die natürliche Beute der Haie. Dafür sprach, dass es sich bei den an der Unfallserie beteiligten Haiarten ausschließlich um Hochseehaie wie Longimanus und Makos handelte. Und dass es kleinere Tiere – Youngsters – waren, die sowieso viel

neugieriger sind, viel zu lernen haben und sich viel wagemutiger (leichtsinniger) verhalten als erwachsene, erfahrene Exemplare.
Aber – na ja – vermuten heißt nicht wissen, und als die Fragen nicht aufhörten, entschieden wir uns, einen langjährigen Experten und Freund von SHARKPROJECT, Prof. Dr. Samuel Gruber, den international bekanntesten Haiverhaltensforscher auf die Messe „boot" nach Düsseldorf einzuladen. Er sollte uns und der Presse die fehlenden Antworten bzw. die wissenschaftliche Basis liefern. Das war zumindest unsere Idee. Wir hatten die Rechnung jedoch ohne den „Doc", Professor Dr. Samuel Gruber, gemacht.

Prof. Dr. Samuel ist einer der weltweit anerkanntesten Hai-Verhaltensforscher. Niemand weiß mehr über Haie als er.

Zunächst schien alles perfekt. „Doc" Gruber, der auf Bimini auf den Bahamas seine Forschungsstation hat, zu uns nach Deutschland einzuladen, hätte unser Budget wahrscheinlich gesprengt. Aber wir hatten Glück. Er war zu dieser Zeit auf einem Vortrag in London und freute sich auf einen kurzen Abstecher nach Deutschland und nach Düsseldorf. Dazu kam, dass er uns nach vielen Jahren Mailkontakt endlich einmal persönlich kennenlernen wollte. Die Kosten für uns waren überschaubar, und für die Flüge und Hotelkosten sprang ein großer deutscher Sponsor ein, der nicht genannt werden möchte. (Danke nochmals, Erwin!)
Wir luden die deutsche und internationale Presse zu einer großen Pressekonferenz während der „boot" ein: und alle kamen. Für uns ein Riesenerfolg. Noch nie hatten wir auf einer SHARKPROJECT-Pressekonferenz so viele Journalisten. Neben den Kameraleuten der TV-Sender waren das Vertreter der regionalen und nationalen Radiosender, der großen Magazine, der Tageszeitungen und natürlich die gesamte Tauchsportpresse.
Wir hatten Prof. Gruber alle Unterlagen selbstverständlich vorher zugeschickt, inklusive der kompletten Unfallberichte von Behörden und Augenzeugen. Parallel gaben wir ihm alle Kontaktadressen in Ägypten. Viele Rückfragen und Gespräche später signalisierte er, dass er perfekt vorbereitet war, und wir alle waren nun gespannt, welche Erklärung er und sein Team für die Unfallserie gefunden hatten.

Dann kam der Tag der Pressekonferenz. Ein großer Tag für uns und eine große Ehre. Denn solche Haiprominenz hatten wir selten gehabt. Zunächst besichtigten Prof. Gruber und sein Team unseren Messestand. Damals hatten wir die MS-HAITANIC „die größte, kleinste Haiausstellung" auf der Messe aufgebaut. Auf einer VIP-Führung, die wir für den „Doc" und sein Team exklusiv durchführten, ernteten wir viel Anerkennung für unsere Arbeit und unser ehrenamtliches Engagement.
Mit stolzgeschwellter Brust gingen wir dann anschließend in den Pressebereich, wo wir einen Saal für die Pressekonferenz angemietet hatten.
Unser Team dort war schweißgebadet. Im Laufe des Vormittags mussten sie den Raum zweimal gegen einen größeren wechseln, da immer mehr Anmeldungen für die Konferenz hereingekommen waren. Rund 80 Journalisten hatten sich inzwischen für unsere Veranstaltung akkreditiert. Unglaublich, was Haie und vor allem Haiunfälle für ein Interesse auslösen können.
Endlich ging`s los. Nach einer kurzen Begrüßung und der Vorstellung der Personen begann die Pressekonferenz. Und was dann geschah, hat Auswirkungen auf unsere Arbeit bis heute.
Zunächst war alles normal. Prof. Gruber nahm das Mikro. Kameras wurden eingeschaltet, ein Meer von Mikrofonen reckte sich ihm entgegen und unzählige Kameras klickten, als er begann.

Prof. Gruber:

„Guten Tag, meine Damen und Herren von der Presse. Ich bin überrascht, dass so viele Journalisten sich für diese wenigen Unfälle in Ägypten interessieren. Was interessiert Sie so sehr daran?"

Anwesende:

Stimmen durcheinander. Dann ein Journalist: „Bei diesen Haiattacken wurde eine deutsche Urlauberin von einem Hai getötet. Unsere Leser wollen wissen, warum?"

Prof. Gruber (lächelnd):

„Okay, I understand. Sie wollen von mir wissen, warum es zu diesen Unfällen kam? Warum ausgerechnet von mir?"

(Kurze Unterbrechung an dieser Stelle. Ja – die Journalisten schauten ziemlich belämmert aus der Wäsche. Und selbst wir, die wir aus den Diskussionen mit ihm wussten, was kam, wurden unruhig.
Wie würde die Presse reagieren? Doch weiter im Ablauf.)

Ein Journalist (meldete sich nach einigen Sekunden der Verblüffung):

„Professor Dr. Gruber. Sie gelten als einer der größten Kenner der Materie. Sie haben die Haiforschung geprägt wie kein Zweiter und gelten als anerkanntester Wissenschaftler für die Verhaltensforschung der Haie. Natürlich hoffen wir auf eine Erklärung von Ihnen. Deshalb sind meine Kollegen und ich zu dieser Pressekonferenz gekommen."

Prof. Gruber (ernstwerdend):

„Natürlich weiß ich, warum Sie hier sind und warum ich hier bin. Entschulden Sie meine Rhetorik. Ich komme gleich zum Punkt und ich hoffe, Sie werden mir dann meine Einleitung verzeihen. Doch ich befürchte, meine Antwort wird Sie nicht zufriedenstellen."

(Lange Spannungspause …)

Prof. Gruber (ernst):

„Ich wollte nur klarstellen, dass Sie ausschließlich meine Meinung als Wissenschaftler und Haiverhaltensforscher wissen möchten. Aus dem Bauch heraus würde ich nämlich das Statement von SHARKPROJECT unterschreiben – als Wissenschaftler kann ich das jedoch nicht. Hier muss ich eine andere Ansicht vertreten."

(Noch längere Spannungspause)

Prof. Gruber (schaut in die Reihen der Journalisten):

„Mein Team und ich haben alle Fakten und Daten der Unfallserie geprüft. Dazu kamen viele Gespräche mit Augenzeugen und den Verantwortlichen vor Ort. Und unsere Antwort ist die gleiche, die wir auch für jeden anderen Haiunfall geben würden und die Ihnen – wie angekündigt – nicht gefallen wird."

(Jetzt sollte es eigentlich mit den Spannungspausen. Aber die folgende war noch länger.)

Prof. Gruber (sehr ernst):

„Meine verehrten Damen und Herren von der Presse, Sie wollen von mir wissen, warum diese Unfälle in Ägypten passiert sind? Die Antwort ist ganz einfach!"

Prof. Gruber (grinst):

„Wir haben keine Ahnung!"

Überraschte Stille im Saal. Alle schauen etwas ungläubig zur Bühne.

Prof. Gruber weiter:

„Und nicht nur ich und mein Team haben keine Ahnung. Kein seriöser Wissenschaftler dieser Welt kann einen Haiunfall erklären. Es gibt nämlich einfach zu wenig Unfälle mit Haien weltweit und zu viele unterschiedliche Einflussfaktoren. Jede Wissenschaft braucht ausreichende Versuchsreihen bei gleichen Bedingungen, um verifizierte Antworten geben zu können. Das ist bei Haiunfällen – aus den eben genannten Gründen – nicht möglich. Wer etwas anderes behauptet, lügt oder argumentiert nicht wissenschaftlich sauber. Wenn Sie wissen wollen, warum diese Unfälle passiert sind, verweise ich nochmals auf die Stellungnahme von SHARKPROJECT. Sie erscheint mir wahrscheinlicher als all die anderen Thesen, die in Ihren Medien standen."

Gerhard Wegner (Rettungsversuch):

„Tja, ...ähh. Meine Damen und Herren, Sie sehen also: Es gibt keine einfachen Antworten. Wir wissen noch viel zu wenig über das Verhalten der Haie und wir wissen viel zu wenig über die speziellen Einflussfaktoren bei dieser Unfallserie. Wir können Ihnen deshalb nur Thesen liefern.

Doch es gibt eine Wahrheit, die Sie bei Ihrer Berichterstattung berücksichtigen sollten. Haie sind keine Monster und Menschenfresser. Es gibt keine gefährlichen Haie, aber es gibt Einflussfaktoren, die das Risiko eines Haiunfalls – und Sie merken, dass wir von Haiunfällen und nicht von Haiattacken reden – erhöhen können. Und hier sind die wichtigsten ... „

Es folgte eine lange und diskussionsfreudige Pressekonferenz. Den Journalisten hat`s gefallen, Professor Gruber auch, doch in mir rasten die Gedanken: Wenn der Doc recht hat, und das hat er zweifelslos, dann hatten wir jetzt ein dickes Problem. Wie können wir als SHARKPROJECT über Haiunfälle reden und über Unfallfaktoren, wenn es dafür keine wissenschaftliche Grundlage gibt? Und wie können wir Verhaltenstipps für Haibegegnungen herausgeben, wenn die Wissenschaft uns keinen roten Faden gibt? Die Pressekonferenz hatten wir zwar gerettet, doch wie sollten wir in der Zukunft vorgehen?
Ich hatte eine schlaflose Nacht. Das war gut, denn in dieser Nacht kam mir die rettende Idee. Wenn die Wissenschaft uns nicht helfen kann, dann mussten wir möglichst viele individuelle Erfahrungen sammeln und versuchen, daraus einen generellen Nenner zu generieren. Nichts Neues, so haben es schon unsere Urahnen erfolgreich praktiziert. Und wir waren gerade auf der „boot". In der Taucherhalle waren in dieser Woche viele international bekannte Unterwasser-Fotografen, Wissenschaftler und Haiguides konzentriert. Zusammen zehntausende von persönlichen Haierfahrungen, die wir nur anzapfen mussten. Die meisten der anwesenden Haiexperten kannte ich persönlich. Einige wichtige fehlten, aber wozu gab es Mail, skype und Telefon?
Gleich am Morgen redete ich mit Christine Gstöttner, die mit mir zusammen am SHARKPROJECT Stand Dienst tat. Sie war spontan begeistert und wir beschlossen, das geplante Buch mit dem gesammelten Wissen gemeinsam zu planen und zu schreiben. Noch während der Messe sprachen wir mit den wichtigsten Leuten.
An einem langen Wochenende bei mir zu Hause konzipierten wir gemeinsam den roten Faden des Buches und die dafür notwendigen Fragebögen. Dazu legten wir unsere Wunschexperten fest. Wichtigstes Kriterium dafür war ihre Praxiserfahrung. Schnell kamen wir dabei auf fünfundzwanzig Experten mit zusammen über 35.000 Haitauchgängen. Mehr Know-how ging nicht.
Schon in der nächsten Woche schrieben Christine und ich alle an und fanden mit unserem Buchkonzept ungeteilte Begeisterung.

Das Ergebnis dieser Pressekonferenz kann sich sehen lassen. Das weltweit erste interaktive Buch über Haibegegnungen mit dem Wissen von 25 internationalen Haiexperten und 35.000 Haibegegnungen. Bis heute eines der Standardwerke über Haie.

Die ersten Fragebögen erhielten wir bereits nach einer Woche ausgefüllt zurück, dazu viele persönliche Empfehlungen und Erlebnisse.
Doch nicht alle Erfahrungen waren auf einer Linie.
Viele Rückfragen und Diskussionen wurden notwendig, sodass wir über ein Jahr mit dem Buch beschäftigt waren.
Für Christine und mich war es einer der spannendsten und lehrreichsten Abschnitte unserer SHARKPROJECT-Zeit. Wie von selbst ergaben sich dabei eine klare Linie und klare Antworten. Doch schnell kristallisierte sich heraus, dass es kein Schwarz oder Weiß gibt. Eine Begegnung mit einem Hai ist immer auch ein BLIND DATE. Wer das Buch liest, wird viel über Haibegegnungen erfahren, aber neben der Einzigartigkeit und Schönheit einer Haibegegnung, auch die Risiken kennenlernen.
Als Zusatzbonus packten wir 45 Filme über QR-Codes dazu. Das machte das Buch zum ersten Multimediabuch über Haie. Der Erfolg dieses neuen Buchkonzeptes gab und gibt uns recht: BLIND DATES ist einer der meistgekauften Artikel in unserem Shop und gehörte bei AMAZON über viele Monate zu den Top 10 im Bereich Meeresökologie. Für uns als SHARKPROJECT ist BLIND DATES bis heute das Rückgrat unserer Haivorträge und auch jetzt, nach der zweiten Auflage, immer noch topaktuell.

Wir erweitern permanent und sind gerade dabei, das Folgebuch „BLIND DATES Advanced" zu konzipieren.
Lest einfach mal in BLIND DATES hinein. Dann versteht ihr, was wir meinen.

QR-Code (Amazon)

QR-Code (Trailer)

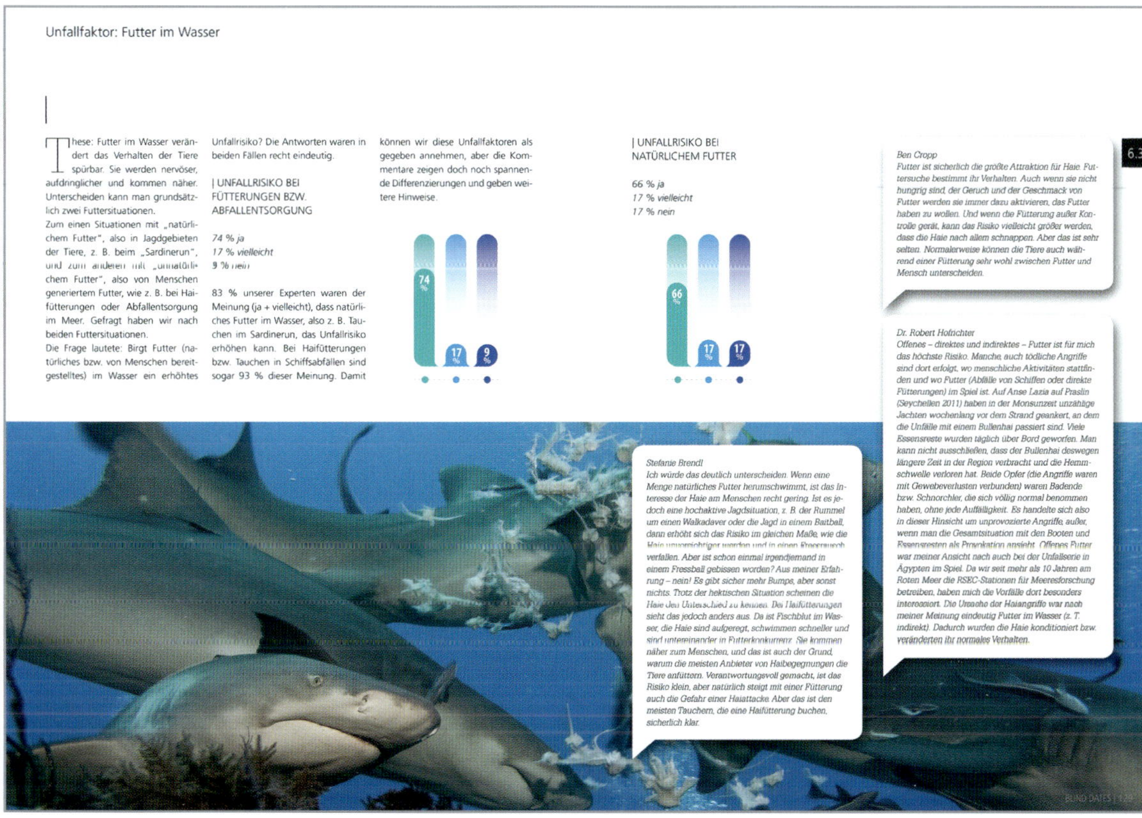

Unfallfaktor: Futter im Wasser

These: Futter im Wasser verändert das Verhalten der Tiere spürbar. Sie werden nervöser, aufdringlicher und kommen näher. Unterscheiden kann man grundsätzlich zwei Futtersituationen.
Zum einen Situationen mit „natürlichem Futter", also in Jagdgebieten der Tiere, z. B. beim „Sardinerun", und zum anderen mit „unnatürlichem Futter", also von Menschen generiertem Futter, wie z. B. bei Haifütterungen oder Abfallentsorgung im Meer. Gefragt haben wir nach beiden Futtersituationen.
Die Frage lautete: Birgt Futter (natürliches bzw. von Menschen bereitgestelltes) im Wasser ein erhöhtes Unfallrisiko? Die Antworten waren in beiden Fällen recht eindeutig.

| UNFALLRISIKO BEI FÜTTERUNGEN BZW. ABFALLENTSORGUNG

74 % ja
17 % vielleicht
9 % nein

83 % unserer Experten waren der Meinung (ja + vielleicht), dass natürliches Futter im Wasser, also z. B. Tauchen im Sardinerun, das Unfallrisiko erhöhen kann. Bei Haifütterungen bzw. Tauchen in Schiffsabfällen sind sogar 93 % dieser Meinung. Damit können wir diese Unfallfaktoren als gegeben annehmen, aber die Kommentare zeigen doch noch spannende Differenzierungen und geben weitere Hinweise.

74 % 17 % 9 %

| UNFALLRISIKO BEI NATÜRLICHEM FUTTER

66 % ja
17 % vielleicht
17 % nein

66 % 17 % 17 %

6.3

Ben Cropp
Futter ist sicherlich die größte Attraktion für Haie. Futtersuche bestimmt ihr Verhalten. Auch wenn sie nicht hungrig sind, der Geruch und der Geschmack von Futter werden sie immer dazu aktivieren, das Futter haben zu wollen. Und wenn die Fütterung außer Kontrolle gerät, kann das Risiko vielleicht größer werden, dass die Haie nach allem schnappen. Aber das ist sehr selten. Normalerweise können die Tiere auch während einer Fütterung sehr wohl zwischen Futter und Mensch unterscheiden.

Dr. Robert Hofrichter
Offenes – direktes und indirektes – Futter ist für mich das höchste Risiko. Manche, auch tödliche Angriffe sind dort erfolgt, wo menschliche Aktivitäten stattfinden und wo Futter (Abfälle von Schiffen oder direkte Fütterungen) im Spiel ist. Auf Anse Lazia auf Praslin (Seychellen 2011) haben in der Monsunzeit unzählige Jachten wochenlang vor dem Strand geankert, an dem die Unfälle mit einem Bullenhai passiert sind. Viele Essensreste wurden täglich über Bord geworfen. Man kann nicht ausschließen, dass der Bullenhai deswegen längere Zeit in der Region verbracht und die Hemmschwelle verloren hat. Beide Opfer (die Angriffe waren mit Gewebeverlusten verbunden) waren Badende bzw. Schnorchler, die sich völlig normal benommen haben, ohne jede Auffälligkeit. Es handelte sich also in dieser Hinsicht um unprovozierte Angriffe, außer, wenn man die Gesamtsituation mit den Booten und Essensresten als Provokation ansieht. Offenes Futter war meiner Ansicht nach auch bei der Unfallserie in Ägypten im Spiel. Da wir seit mehr als 10 Jahren am Roten Meer die RSEC-Stationen für Meeresforschung betreiben, haben mich die Vorfälle dort besonders interessiert. Die Ursache der Haiangriffe war nach meiner Meinung eindeutig Futter im Wasser (z. T. indirekt). Dadurch wurden die Haie konditioniert bzw. veränderten ihr normales Verhalten.

Stefanie Brendl
Ich würde das deutlich unterscheiden. Wenn eine Menge natürliches Futter herumschwimmt, ist das Interesse der Haie am Menschen recht gering. Ist es jedoch eine hochaktive Jagdsituation, z. B. der Rummel um einen Walkadaver oder die Jagd in einem Baitball, dann erhöht sich das Risiko im gleichen Maße, wie die Haie unvorsichtiger werden und in einen Fressrausch verfallen. Aber ist schon einmal irgendjemand in einem Fressball gebissen worden? Aus meiner Erfahrung – nein! Es gibt sicher mehr Bumps, aber sonst nichts. Trotz der hektischen Situation scheinen die Haie den Unterschied zu kennen. Bei Haifütterungen sieht das jedoch anders aus. Da ist Fischblut im Wasser, die Haie sind aufgeregt, schwimmen schneller und sind untereinander in Futterkonkurrenz. Sie kommen näher zum Menschen, und das ist auch der Grund, warum die meisten Anbieter von Haibegegnungen die Tiere anfüttern. Verantwortungsvoll gemacht, ist das Risiko klein, aber natürlich steigt mit einer Fütterung auch die Gefahr einer Haiattacke. Aber das ist den meisten Tauchern, die eine Haifütterung buchen, sicherlich klar.

→ DIESE SITUATION
werden Schwimmer kaum erleben. Sie sehen den Hai meist erst, wenn er direkt neben ihnen auftaucht. Deshalb wechseln wir direkt zur gelben Phase.

→ SITUATION:
Haiflosse taucht auf. Schwimmt in der Distanz einer Körperlänge oder weniger vorbei. Kreist um den Schwimmer.
Hier unterscheiden wir zwei Szenarien.

1 SCHWIMMER HAT EINE SCHWIMMBRILLE

- Entspannt atmen, so gut es geht.
- Vertikale Stellung einnehmen und Tiere beobachten. (Die aufrechte Position wirkt fremd und einschüchternd auf die Tiere. Sie sind nur Geschöpfe gewohnt, die sich horizontal bewegen. Gleichzeitig können wir Menschen aus dieser Position besser agieren und reagieren.)
- Hektische, zappelnde Bewegungen vermeiden.
- Unbedingt Augenkontakt halten, auch wenn das Tier kreist.
- Nicht schnell und hektisch wegschwimmen (Beuteverhalten).
- Mit höchster Aufmerksamkeit agieren.
- Um Hilfe rufen und wenn möglich mit anderen Schwimmern und/oder Rettern zusammenschließen (eine enge Gruppe wirkt größer).
- Dem Tier nicht den Rücken zukehren.
- Wenn der Hai sich entfernt, einige Minuten warten und dann ohne Hektik zurück zum Strand schwimmen. Dabei immer aufmerksam bleiben und sich immer wieder umschauen.

2 SCHWIMMER HAT KEINE SCHWIMMBRILLE
(sehr ungünstiges Szenarium)

- Entspannt weiteratmen, so gut es geht.
- Tier beobachten und wenn es der Mut und die Situation zulässt, vertikale Stellung einnehmen. (Die aufrechte Position wirkt fremd und einschüchternd auf die Tiere. Sie sind nur Geschöpfe gewohnt, die sich horizontal bewegen. Gleichzeitig können wir Menschen aus dieser Position besser agieren und reagieren.)
- Hektische, zappelnde Bewegungen vermeiden.
- Nicht schnell und hektisch wegschwimmen (Beuteverhalten).
- Mit höchster Aufmerksamkeit agieren.
- Um Hilfe rufen und wenn möglich mit anderen Schwimmern und/oder Rettern zusammenschließen (eine enge Gruppe wirkt größer).
- Einige Minuten warten und dann ohne Hektik zurück zum Strand schwimmen.
- Dabei aufmerksam bleiben und sich immer wieder umschauen.

Was tun ohne Schwimmbrille?

- Die Annäherung des Hais bleibt bis zur letzten Sekunde unsichtbar. Deshalb kann der Schwimmer nur auf Berührungen oder Bisse reagieren. Hier gelten die oben genannten Tipps für absolute Notfälle.
- Ansonsten, wenn es der Mut und die Situation zulässt, vertikale Stellung einnehmen und auf Rettung warten.
- Auf keinen Fall panisch zurückschwimmen (Beuteverhalten).
- Wenn der Hai ablässt und keine Rettung in Sicht ist, einige Minuten warten und dann langsam zum Strand zurückschwimmen.

→ SITUATION:
Hai kommt sehr nahe. Streift oder berührt dabei den Schwimmer einmal kurz.

- Siehe gelbe Phase

→ SITUATION:
Der Hai bedrängt den Schwimmer regelrecht. Kommt immer wieder und immer näher. Die folgenden Tipps gelten nur, wenn der Schwimmer mit einer Schwimmbrille ausgestattet ist und das Tier unter Wasser sehen kann.

- Vorab: Es gibt zwei Annäherungsmöglichkeiten, die sich in der Motivation grundsätzlich unterscheiden: Der Hai kommt auf gleicher Ebene oder schräg/direkt von unten. Im ersten Fall wird der Hai vorsichtiger sein, während ein Angriff von unten immer auf ein Beuteszenarium hindeutet. Höchste Gefahr!
- Zunächst: unbedingt Panik vermeiden. Nicht hektisch flüchten wollen, nicht aufs Wasser klatschen, um Hilfe herbeizurufen, keine hektischen Bewegungen.
- Hai beobachten und nur im Notfall reagieren.
- Nur im absoluten Notfall (Tier sucht direkten Körperkontakt, will beißen) den Hai an der Schnauze (nur von oben) wegdrücken. Nicht seitlich anfassen (Zähne).
- Helfen können bei einer solchen extrem nahen Begegnung auch Schreie, wobei es sicherlich nicht das Geräusch ist, das wirkt, sondern vielmehr die Luftblasen. Achtung: nach dem Schrei nur kurz Luft holen. Hektische Bewegungen vermeiden. Weiter beobachten.
- Ebenfalls nur im absolutem Notfall mit Faust hart schlagen. Auge und Nase sind die empfindlichsten Teile. Aber bei dieser aggressiven Handlung sehr, sehr vorsichtig sein. Die Reaktion des Tieres ist nicht vorherzusehen. Deshalb nur im absoluten Notfall anwenden. Auf keinen Fall, wenn das Tier nicht offensichtlich beißen will.
- Besondere Aufmerksamkeit muss in einer solchen Notfallsituation den eigenen Beinen gelten. Die unteren Extremitäten, die bei einer solch nahen Begegnung meist sehr hektisch bewegt werden, haben nicht nur deshalb die besondere Aufmerksamkeit der Haie. Diese erkennen sie instinktiv als Bewegungsapparat des Menschen und ihr Jagdinstinkt nimmt sie als Primärziel. Deshalb hektische Beinbewegungen vermeiden und immer bereit sein, den Hai abzuwehren. Nur im absoluten Notfall nach dem Tier treten.
- Wenn der Hai abdreht, das Wasser vorsichtig und langsam verlassen. Dabei aufmerksam bleiben.

7.4

Persönliche Tipps und Erfahrungen unserer Experten:

Stefanie Brendl
Vermeide das Schwimmen in der Morgen- und Abenddämmerung. Da wird die Sicht unter Wasser schlechter und viele Haie sind im Jagdmodus. Bleibe weg von Gebieten, in denen viele Seevögel an der Oberfläche sind. Sie jagen dort Fische und es gibt mit Sicherheit auch Haie.

Gerhard Wegner
Ich musste als Schwimmer – in der Bucht von Walker's Cay – einmal einen neugierigen Bullenhai abwehren, der mich permanent anschwamm. Die Wellen machten es mir unmöglich zu sehen, wo das Tier gerade war und was es machte. Heute tauche ich nicht mehr dort, wo konditionierte Haie auf ihr Futter warten, und ich schwimme nie ohne Schwimmbrille.

André Hartman
Wenn Du spürst, dass das Tier nicht abdrehen wird, dann tue das Unerwartete. Schwimme oder tauche direkt auf den Hai zu.

BLIND DATES | 187

Will man sehen, wie Menschen über etwas denken, sollte man sich die Werbespots anschauen. Niemand kann besser Vorurteile und Meinungen deutlich machen als die Werbung. „Witzige" Spots z.B. über Tampons (Haie und Menstruation) erfreuen sich internationaler Beliebtheit. Aber Werbung zu machen gegen diese Vorurteile und für die Haie, ist selten. Wir freuen uns umso mehr, dass einige der weltweit erfolgreichsten Kommunikationskampagnen von SHARKPROJECT stammen.

JEDES JAHR FALLEN
200 MILLIONEN HAIE DEM
MENSCHEN ZUM OPFER.
SHARKPROJECT
STOP SALES
RETTET DEN HAI, SONST STIRBT DAS MEER. WWW.SHARKPROJECT.COM

WERBUNG ALS SPIEGELBILD UNSERER ARBEIT

| 19

Ich komme aus der Werbung, mir gehörte fast 30 Jahre eine der führenden deutschen Absatzmarketing-Agenturen. Deshalb lagen mir die SHARKPROJECT-Kommunikationsmaßnahmen immer besonders am Herzen.

Vor fünfzehn Jahren konnten wir nur davon träumen, irgendwann einmal Werbung oder sogar Fernsehwerbung für Haie zu machen. Einige Jahre später taten wir es. Und wir machten es verdammt gut. Unsere Kampagnen waren überraschend in der Szene, immer sehr kreativ und ein Spiegelbild unserer aktuellen Arbeit.
Hier ein kurzer Überblick unserer Werbeideen aus den letzten fünfzehn Jahren. Die meisten davon sind international mehrfach ausgezeichnet worden für besonders kreative und außergewöhnliche Werbung.
Mein ganz persönlicher Dank gilt hier den kreativen Köpfen von Young & Rubicam, Frankfurt rund um den Creativ Director Horst Becker. Bei ihm und seinem Team waren unsere „verrückten" Ideen immer perfekt aufgehoben. Ein ganz besonderer Dank dabei an unser langjähriges SHARKPROJECT-Mitglied und den zuständigen Art Director bei Y&R, Bruno Petz, der mit seinem Engagement und seiner unglaublichen Kreativität alles möglich machte.

Ein Denkmal für unser Team bei Y&R Frankfurt:

Creativ Director: Horst Becker
Art Director: Norbert Hübner, Bruno Petz
Text: Lothar Müller
Fotografen: Stefanos Ntopoulos, Stephen Frink
Account: Jessica Georgi
Film-Produktionen: Das Werk, Berlin sowie e+p Werk, München

Anzeigen und Posterkampagne, die klarmachen sollte, dass nicht die Haie die Monster sind.

JEDES JAHR FALLEN
200 MILLIONEN HAIE DEM
MENSCHEN ZUM OPFER.
SHARKPROJECT
STOP SALES
RETTET DEN HAI. SONST STIRBT DAS MEER. WWW.SHARKPROJECT.COM

Unser erster TV-Spot, ergänzend zu der Face-Kampagne.

Kreative Plakate zu unseren Kampagnen. Aus der Messerspitze als Flosse entstand die Idee zu unserem ersten Unterwasserdenkmal.

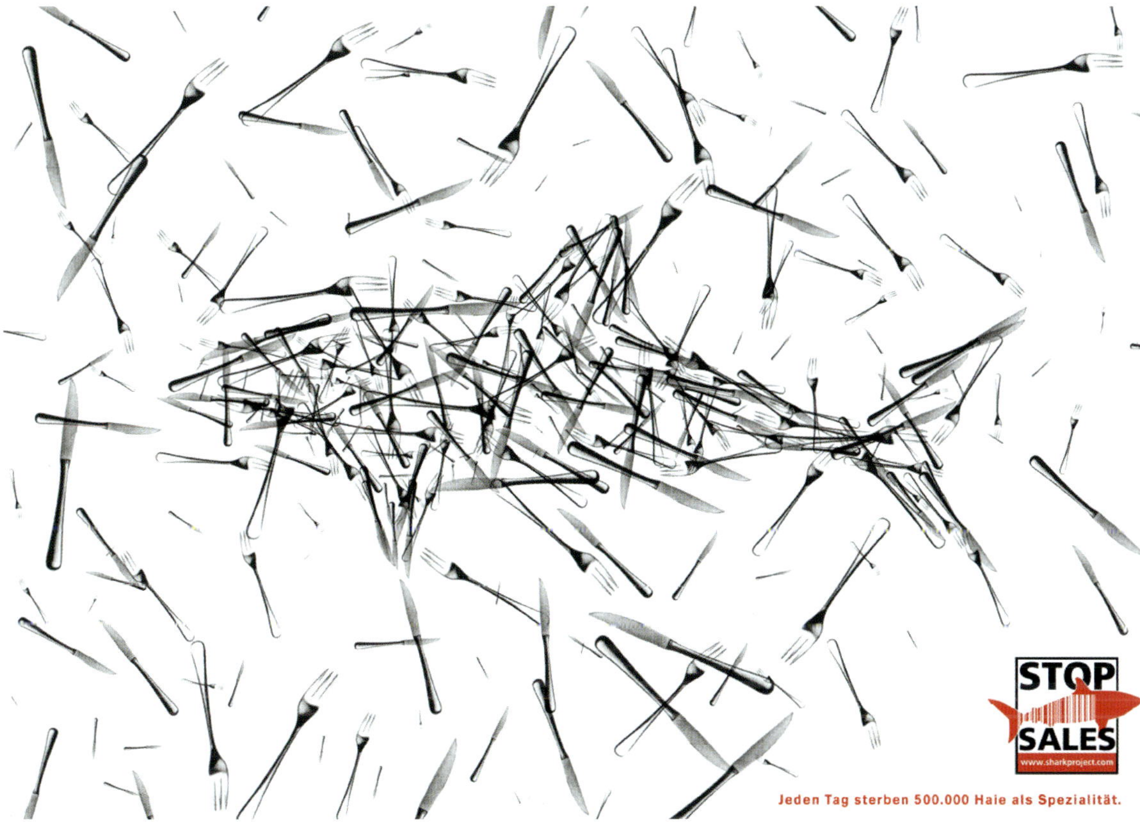

Ein TV-Spot, der auffordert, seine Sicht zu ändern. Wurde auch in Costa Rica zur Unterstützung unserer Kampagne dort gezeigt.

Eine sehr sachliche Kampagne, die das Credo von Andy Cobb visualisierte.

TV-Spot, eine Persiflage – Haie die neuen Delphine

Eine der größten
Überraschungen meines
Lebens erlebte ich bei einem
Nachttauchgang vor Cocos.
Plötzlich war ich umringt
von Dutzenden
Weißspitzen-Riffhaien,
die mich als Fußball benutzten.
Mein eigener Sohn hatte die
Meute mit seiner Lampe auf
mich gehetzt. :-)
Aber das ist nichts
im Vergleich zu dem, was meine
Tochter getan hat.
Lest dazu die nächste
Geschichte.

AWARD
2016

SURPRISE, SURPRISE

| 20

Es gibt Dinge im Leben, die mache ich gerne. Dafür hasse ich andere Dinge umso mehr. Dazu gehören unter anderem persönliche Ehrungen. Ich bin einfach der Meinung, dass es keinen persönlichen Erfolg gibt. Es gehören immer mehrere Menschen dazu. In meinem Fall z.B. meine Frau, die mir privat, geschäftlich oder bei SHARKPROJECT den Rücken freihält, meine Mitarbeiter in der Agentur, oder die vielen Menschen, die tagtäglich Zeit für SHARKPROJECT opfern. Ohne sie wäre ich aufgeschmissen. Warum also persönlich geehrt werden? Wenn schon, dann alle, ist meine Einstellung. Und damit halte ich auch nicht hinter dem Berg. Wer mich also persönlich ehren will, der muss mich überraschen. Das klappt nur selten. Doch einmal ist immer das erste Mal. Davon handelt diese HAILIGHT-Geschichte. Und wenn ich vorgreifen darf – für mich gehört sie zu den absoluten Highlights meines Lebens.

Doch zurück zur Story. Zu der Zeitschrift TAUCHEN habe ich eine ganz persönliche und lange Beziehung. Vor vielen, vielen Jahren, als ich gerade mit Tauchen begonnen hatte, war ich begeisterter Leser des Magazins. Irgendwann las ich einmal einen Leserbrief, in dem der Leser sich beschwerte, dass es zu wenige Taucher-Cartoons (Witzzeichnungen) in dem Magazin geben würde. Das war mein Stichwort! Als begeisterter Hobby-Cartoonist zeichnete ich eine spezielle TAUCHEN Cartoonreihe (Fischiges!) und schickte die kleinen, glitschigen Dinger an den damaligen Chefredakteur André Foulon. Daraus ergab sich ein enger und langjähriger Kontakt.
Viele Jahre zeichnete ich für TAUCHEN und betreute als freier Redakteur sogar ein Jahr lang den gesamten Cartoon-Bereich. Ich schuf das Krakelinchen, das damalige Magazin-Maskottchen und gab unter dem TAUCHEN-Label mein erstes Buch heraus. Volontärin war zu der Zeit übrigens Maike Grützediek, die viele Jahre später und bis Ende 2016 Chefredakteurin war und heute Mitherausgeberin ist. Ich mag die Menschen dort, die ihr Hobby zum Beruf machen können und taucherfreundlich nett sind.

So fing alles mal an bei TAUCHEN: Fischige Cartoons, ein kleines Buch und ein Maskottchen.

Um keine Freunde zu verschrecken: Ich mag auch die Jungs und Mädels von UNTERWASSER, taucher.net, AQUANAUT und allen anderen Tauchmagazinen, Websites, Blogs und Newslettern. Aber zu TAUCHEN gibt es halt diese langjährige Beziehung.

Wie gesagt, die Menschen mag ich sehr. Die Veranstaltungen weniger. Damit meine ich z.B. die pompöse TAUCHEN-AWARD-Party während der „boot". Ein äußerst beliebter Treffpunkt für die ganze Branche und natürlich der Anzeigenkunden und Freunde von TAUCHEN. Ich bin die berühmte Ausnahme. Mir sind da zu viele Menschen und nach den ersten Messetagen bin ich sowieso kaputt und brauche nach 21 Uhr nur noch mein Bett. Zusätzlich werden an diesem Abend gefühlt einhundert Awards vergeben. Für den besten Lungenautomaten, die besten Tauchbasen, die beste Tarierweste und weitere unzählige Awards für alles, was ein Taucher so braucht. Das dauert und alle im Saal warten nur darauf, dass endlich das Büfett eröffnet wird und das Bier zischt. Ich gehe zu diesem Branchentreff nur, wenn ich dahin geprügelt werde.

Sorry – Alexandra, Maike, Jasmin, Hedda und alle anderen aus der TAUCHEN-Redaktion, ich mag euch sehr, aber ihr kennt meine Einstellung.

Als ich also Mitte 2015 eine Einladung zum TAUCHEN-AWARD 2016 erhielt, sagte ich deshalb sofort ab. Nett und höflich. „Vielen Dank – aber ich kann leider nicht."

Eine Woche später bekam ich einen besorgten Anruf der Redaktion mit der Frage, weshalb ich abgesagt hätte. Mit vorsichtigen Worten begründete ich meine Entscheidung und musste plötzlich diskutieren.

„Hey Leute, ich will nicht!"

Etwa drei Wochen später rief mich Christine Gstöttner an, Vizepräsidentin bei SHARKPROJECT International, meine Mitautorin bei BLIND DATES und meine beste Freundin und langjährige Vertraute. TAUCHEN hätte sie angerufen, vertraute sie mir an, die Redaktion verstände nicht, weshalb ich nicht auf die Veranstaltung wolle? Das wäre doch ä Hetz, wie die Österreicher sagen, da wären doch alle und es hätte doch immer so einen Riesenspaß gemacht.

„Ich will nicht, Tina!"

Eine Woche später rief mich mein Freund Harald Hordosch an, Inhaber von SEACAM. Er fragte mich, ob wir uns auf dem TAUCHEN-AWARD treffen würden. Er bekäme sicher einen Award und würde das gerne mit mir feiern.

„Leute, was ist mit euch los? Ich will nicht. Der AWARD ist am Donnerstag und ich will schon am Dienstag nach Hause. Mein Enkel wartet da schon ungeduldig auf seinen Popa und das ist wichtiger als alles andere."

Zugegeben, das klingt jetzt vielleicht etwas naiv. Aber auch nur, weil ich die Pointe fast schon verraten habe. Ich persönlich hatte keine Ahnung, warum der TAUCHEN-AWARD plötzlich allen so wichtig war. Und ehrlich – ich war inzwischen ziemlich genervt.

Dann – circa zwei Monate vor der „boot"-Messe – rief mich Maike Grützediek an, die damalige Chefredakteurin von TAUCHEN. Warum ich eigentlich so verstockt sei, wollte sie wissen. Sie würde sich sehr freuen, mich am Donnerstag zu treffen, da es auch ihr Abschied als Chefredakteurin sei und überhaupt.

„Ich bin von Samstag bis Dienstag auf der BOOT, Maike! Keine Sorge, bevor ich die Messe verlasse, komme ich natürlich vorbei und verabschiede mich persönlich. Aber ein Besuch der Veranstaltung, nein danke. Du kennst mich ja."

Soweit, so gut. Dann kam meine Tochter. Und sie packte mich emotional. Sie erinnerte mich, wie ich früher jedes Jahr mit ihr und ihrem Bruder auf die Messe gefahren war und welchen Spaß wir da immer gemeinsam gehabt hätten. Michel (mein Sohn) und sie hätten diese Ausflüge immer so genossen. Bis heute wären sie ein unvergesslicher Teil ihrer Kindererinnerungen. Und jetzt wäre doch Jonas (mein Enkel) in dem Alter. Es wäre doch toll, wenn ich das Gleiche auch mit ihm machen würde. Er würde es sicher lieben, mit seinem geliebten Popa über die Messe zu gehen und so weiter und so weiter. Bei ihnen ginge es jedoch nur am Donnerstag, aber so könnten wir gemeinsam bis Freitag bleiben und vielleicht noch etwas unternehmen.

Ich wackelte in meinem Entschluss. Johanna hat es schon immer gut verstanden, mich um ihren bezauberten Finger zu wickeln. Ich versuchte noch, um den Tag zu feilschen, aber dann griff meine Frau ein und buchte einfach ein Hotelzimmer für uns und Johannas Familie für Donnerstag auf Freitag. Doppelt geschlagen gab ich auf. Fahren wir halt zwei Mal auf die Messe. Offen gestanden freute ich mich sogar, Jonas allen meinen Freunden und Bekannten zu präsentieren.

Nochmals zum Thema Naivität: Ich dachte mir wirklich nichts dabei. Noch nicht einmal, als ich Anfang Januar eine zweite Einladung zum TAUCHEN-AWARD bekam. Mir war klar, ich würde da sowieso nicht hingehen, besonders da jetzt am Donnerstag auch noch Jonas da war. Johanna schüttelte nur den Kopf. Jonas würde doch eh ab 19 Uhr schlafen und nach dem Messetag wäre auch der Rest der Familie müde. Chris (meine Frau) und ich sollten doch die TAUCHEN-Einladung annehmen und hingehen. Jetzt, wo sie schon zwei Mal versucht hätten, uns einzuladen. Das wäre mehr als unhöflich, und die Redaktion hätten sicher eine Spende für uns vorbereitet. Warum sollten sie sonst so hartnäckig sein?

Eine Spende für SHARKPROJECT? Das würde einiges erklären. Daran hatte ich ja noch gar nicht gedacht.

Tatsächlich hatte SHARKPROJECT einige Jahre zuvor einen Redaktions-Award bekommen, verbunden mit einer ansehnlichen Spende des Verlages. Hey, dafür würde ich hingehen. Jetzt, wo ich sowieso an dem Abend in Düsseldorf war. Das hätten sie auch gleich sagen können, dachte ich noch – und sagte endlich zu.
Es kam, wie es kommen musste. Am Tag des TAUCHEN-AWARDS lief ich mit stolzgeschwellter Brust über die Messe und stellte jedem – der es wollte und auch jedem, der es nicht wollte – meinen Enkel Jonas vor. So kam ich dann irgendwann an den TAUCHEN-Messestand. Die gesamte Redaktion drängte sich um den Kleinen. Von einer Spende redete keiner, aber jeder freute sich, dass ich endlich zugesagt hatte. Komisch!
Am Abend wurde es noch komischer. Wir verabschiedeten uns im Hotel von Johanna und ihrem Mann (Jonas schlief schon), schmissen uns in SHARKPROJECT-Ausgehkluft (Jeans und Shirt) und stiegen ins Taxi. Ich erinnere mich noch, dass ich Chris auf halbem Weg fragte, ob wir nicht doch ins Hotel zurückgehen sollten, da Johanna und Thomas (mein Schwiegersohn) alleine wären. Meine Frau zögerte, meinte da aber, jetzt hätte ich zugesagt und dann sollten wir das auch machen. Wenn es uns nicht gefallen würde, könnten wir ja immer noch vorzeitig gehen.
Guter Kompromiss.
Doch da hatte die Redaktion einen Riegel vorgeschoben. Denn gleich als Chris und ich unsere persönlichen Einladungen an der Tür präsentierten, wurden wir von einer Redaktionsassistentin abgefangen und quer durch die Menschenmassen zu reservierten Sitzen in der ersten Reihe bugsiert.
Okay – es gab eine Spende! Und offensichtlich eine größere Summe. Sonst würden sich nicht alle so eine Mühe geben. Das war jetzt klar.
Wider Erwarten war das Get-together am Anfang sehr nett. Wir trafen jede Menge Bekannte aus der Taucherszene, zischten einige Biere miteinander und waren gut drauf. Aber dann läutete die Glocke. Der Höhepunkt des Abends (!) – die AWARD-Verleihung begann. Wir strömten alle auf unsere Plätze. Chris und ich gezwungenermaßen mit.

Eigentlich hätten wir gerne mit Harald Hordosch und anderen Freunden zusammengesessen, aber – wie gesagt – unsere Plätze waren vorne reserviert und die Redaktionsassistentin, die uns die ganze Zeit wie ein Schatten begleitet hatte, war eisern. Das da vorne waren unsere Plätze und keine anderen! Punkt!
Widerstrebend nahmen wir Platz und die AWARD-Verleihung begann. Ich wusste plötzlich wieder, warum ich nicht kommen wollte. Nach der x-ten Übergabe eines goldenen Delfins – ich glaube, mich zu erinnern, an irgendeinen Hersteller eines mir unbekannten Tauchcomputers – kam endlich die erwartete Spenden-Anmoderation. Es ging um die gesamten Einnahmen des Abends. Traditionsgemäß spendete die Geschäftsleitung von TAUCHEN diese ansehnliche Summe an eine gemeinnützige Organisation. Klasse! Als gemeinnützige Organisation tut das immer gut.
Doch dann – welche Enttäuschung: Die Spende erhielt eine andere Organisation!
Mich hielt es kaum noch auf meinem Sitz. Und ehrlich, hätte ich nicht in der ersten Reihe gesessen, wäre es das gewesen.
Mit verkniffener Miene sah ich zu, wie sich die Kollegin bei der TAUCHEN-Redaktion für die großzügige Spende bedankte und dann von der Bühne ging.
Okay, was jetzt?
Der Moderator, der bisher recht eloquent durch die AWARD-Verleihung geführt hatte, wusste es anscheinend auch nicht. Ich glaube, er sagte: „Das war der letzte TAUCHEN-Leser-Award. Herzlichen Glückwunsch nochmals an alle Gewinner. Bevor wir das Büffet eröffnen, gibt es da noch ein Ding!" (Den Satz hatte er offensichtlich von Steven Jobs abgekupfert).
„Aber ich darf nicht sagen …", fuhr er fort, „… um wen und um was es geht, und ich darf auch nicht sagen, wer die Laudatio hält. Deshalb gehe ich an dieser Stelle. Tschüss!"
Und er ging tatsächlich von der Bühne.
Verwirrter Beifall der Anwesenden.
Meine Güte, was machte ich hier?
Dann ging plötzlich das Licht aus und unter lauter Musik irrte ein Spot durch den Saal, bis er auf einer Gestalt endete, die von hinten kommend im Abendkleid durch die Menschenmenge zur Bühne ging.

Ihr habt mich komplett hereingelegt und ich bin zu Tränen gerührt. Vielen Dank für alles. Danke Alexandra Jahr – Danke Johanna – Danke Maike Grützediek – Danke an die ganze TAUCHEN-Redaktion!

Neugierig wie alle drehte ich mich um und erstarrte.
Das war doch Johanna, unsere Tochter! Wieso war sie nicht im Hotel? War etwas mit Jonas passiert? Wieso trug sie plötzlich ein Abendkleid? Dann begriff ich alles (spät genug!) und sofort schossen mir Tränen in die Augen. Meiner Frau ging es genauso und bei der folgenden Laudatio mussten wir Händchen halten. Die andere Hand brauchten wir, um die Tränen abzuwischen.
Die TAUCHEN-Redaktion hatte mir den TAUCHEN-Ehren-Award verliehen. Eine ganz besondere Auszeichnung, die ich für mein Lebenswerk entgegennehmen sollte. Und meine eigene Tochter hielt die Laudatio. Ich war so gerührt, dass ich überhaupt nicht überlegte, dass man Awards für ein Lebenswerk eigentlich nur an tote oder sehr alte Menschen verleiht.
War auch völlig egal. Als Johanna begann, floss ich nur so dahin. Ihre Rede war die pure Liebeserklärung einer Tochter an ihren Vater.
Und natürlich, ich weiß, ich bin nicht alleine für den Erfolg von SHARKPROJECT verantwortlich. Meine Einstellung dazu habe ich in der Einleitung ja deutlich gemacht. Aber Leute, wenn die eigene Tochter so eine Rede hält, ist Gänsehaut vorprogrammiert.
Bis ins Innerste gerührt nahm ich den Goldenen Delfin für mein Lebenswerk entgegen und sagte dann auch irgendetwas. Was, weiß ich nicht mehr, aber das ist auch völlig einerlei.

Ich erinnere mich nur noch, dass ich zum Schlussbeifall meine Tochter in die Arme schloss und küsste. Weitere Küsse bekam sie später noch von meiner Frau, die wie ich ebenfalls keine Ahnung gehabt hatte.

Wir heulten noch ein bisschen und dann kamen die ersten scheinheiligen Gratulanten, die alle irgendwie eingeweiht gewesen waren, wie sich später herausstellte.

Ich sagte schon anfangs, dass diese Laudatio zu den absoluten Highlights meines Lebens gehört. Glaubt mir Leute, mehr geht nicht, mehr kann man im Leben nicht erreichen.

Maike Grützediek erzählte mir später, dass die Redaktion ob meines Starrsinns schier verzweifelt sei. Erst Johanna hätte es geschafft, mich umzustimmen.

Aber das besondere Ding zwischen Tochter und Vater hatte ich ja schon erwähnt.

An dieser Stelle nochmals Danke an die gesamte TAUCHEN-Redaktion. Ihr habt mich wirklich geschafft.

Nur bitte – macht das nächste Mal lieber wieder eine Spende an SHARKPROJECT. Das wäre mir persönlich viel lieber. Dann vergesse ich alles, was ich über den TAUCHEN-AWARD jemals gelästert habe.

Und unter uns: Nach diesem absoluten HAILIGHT, das ihr mir beschert habt, mag ich die Veranstaltung jetzt richtig gerne.

Zu dem Thema hier ein noch Gastbeitrag von meiner Tochter. Johanna Ricker (geb. Wegner)

Das erste Mal habe ich von Gerhards geplanter Ehrung während der Buchmesse im Oktober 2015 gehört. Da habe ich einen Anruf von Tina Gstöttner erhalten. Sie war ziemlich verzweifelt, weil mein Vater sich so starrsinnig weigerte, den TAUCHEN-AWARD zu besuchen. Sie hätten schon alles versucht, meinte Tina, und ob ich ihnen nicht helfen könne. Im Dezember wurde ich dann zusätzlich von der Chefredakteurin von TAUCHEN, Maike Grützediek angerufen und gebeten, die Laudatio

zu halten. Vom ersten Augenblick war ich von der Idee begeistert. Natürlich musste ich erst einmal schaffen, dass Gerhard zusagt, außerdem musste mein Mann sich für die Kinderbetreuung Urlaub nehmen, und vor allem brauchten wir die perfekte Ausrede, warum gerade wir jetzt über den Termin der Preisverleihung auf die „boot" kommen wollten.
Eigentlich hätte ich ja bis Ende Januar Zeit gehabt, die Laudatio zu schreiben, aber schon in der ersten Nacht nach dem Anruf konnte ich nicht richtig schlafen, weil mir so viele Eigenschaften und Talente von Gerhard eingefallen waren, dass ich sie direkt aufschreiben musste.
Das größte Hindernis war sicherlich die Geheimhaltung. Meine Familie ist darin nicht besonders gut, und so konnte ich weder meine Mutter noch meinen Bruder einweihen.
Zunächst wollte Gerhard gar nicht mehr auf die Messe, er war schon das erste Wochenende für SHARKPROJECT da und sollte dann extra für die Preisverleihung noch einmal anreisen. Aber zum Glück konnte ich ihn mit einem Trick überzeugen.
Wir haben einen tollen Tag auf der Messe verbracht, genauso wie früher, haben uns die „boot" wieder einmal mit Kinderaugen angeschaut, und Jonas wurde von seinem stolzen Opa überall herumgereicht. Abends sind meine Eltern dann zur Preisverleihung aufgebrochen, und wir wollten uns angeblich einen lustigen Fernsehabend mit Düsseldorfer Karneval machen. Sobald die beiden aber das Hotelzimmer verlassen hatten, habe ich das Abendkleid angezogen und bin mit einem Taxi hinterhergefahren.
Ich war so nervös. Schon bei den Awards davor habe ich befürchtet, dass meine Eltern sich umdrehen und mich dabei zufällig entdecken würden. Aber es ging alles gut. Sie haben mich nicht gesehen und vor allem hat Gerhard nichts geahnt. Als ich die Bühne betrat, habe ich ihn unten sitzen sehen, mit Krokodilstränen in den Augen.
Ich bin sehr glücklich, dass ich diese Laudatio halten durfte. Für uns zwei war es ein ganz besonderer Moment, den wir wohl nie mehr vergessen werden.

Papa, ich hab dich lieb.

Als wir bei diesem Tauchgang
die Menge Haie sahen, die nur
darauf warteten,
bis ich ins Wasser tauchte,
verging mir das Lachen.
Aber ansonsten lache ich gerne.
Wenn auch manches Mal über
Dinge, die eigentlich überhaupt
nicht zum Lachen sind.
Wer diese Seite von mir nicht
kennenlernen will,
sollte die nächste
Geschichte überblättern. :-)

Obwohl einige Meeresbewohner das Problem noch negieren, ist die Verschmutzung der Ozeane mit Plastik eine der größten und folgenreichsten Umweltkatastrophen.

ZIEMLICH SCHWARZER HUMOR

| 21

Darf man/frau über die dramatische Situation der Meere Witze machen? Spontane Antwort – Nein! Denn natürlich ist das, was wir Menschen mit dem Meer und seinen Bewohnern machen, in keiner Weise witzig.

Aber Witze sind auch nicht unbedingt immer zum Lachen da. Schon seit allen Zeiten werden von uns Menschen schlimme Dinge mit Komik abgefedert. Besser Lachen als Verzweifeln, scheint das genetische Ziel dahinter zu sein. Und Verhaltensforscher bestätigen die psychologische Schutzwirkung von Komik.

Also darf man bzw. muss man sogar über Sachen lachen, die überhaupt nicht zum Lachen sind!

Ab und zu packt es mich deshalb auch. Ich zeichne Cartoons über Situationen, die zunächst nur in meinem Kopf lustig sind. So z.B. stelle ich mir vor, wie die Welt aussehen würde, wenn die Fische die einzig intelligente Lebensform wären. Oder ich male mir meine Verzweiflung über die Ausrottung der Haie und die Verschmutzung der Meere einfach weg, indem ich aus der Sicht der Fische Witze darüber mache.

Okay – sollte man nicht. Aber lustig ist es. Zumindest für mich.

Das Zeichnen von Cartoons ist für mich etwas ganz Besonderes und darf deshalb in meinen persönlichen SHARKPROJECT-HAILIGHTS auf keinen Fall fehlen.

Entscheidet selbst und lernt dabei eine pechschwarze Seite meiner Persönlichkeit kennen.

Drei Cartoonbücher habe ich bisher gezeichnet und getextet. In allen dreien kommen Haie vor. Aber nicht unbedingt so, wie sie ein Haischützer sehen sollte. Wie gesagt, manches Mal habe ich einen pechschwarzen Humor.

Kapitel 1

Ereignisse, die die Welt veränderten !

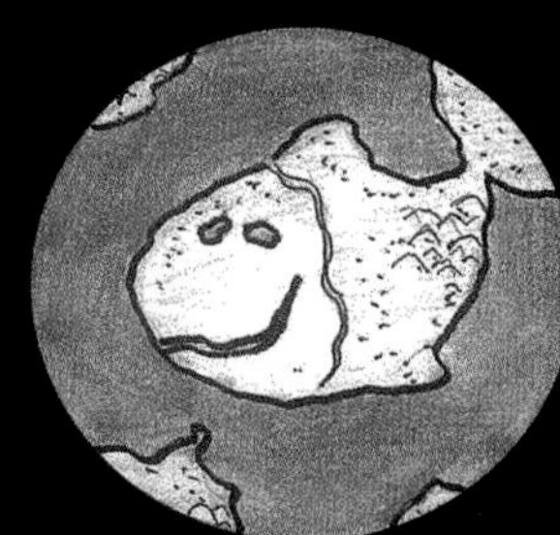

Großartige Erfindungen, abenteuerliche Entdeckungen und herausragende Fisch-Persönlichkeiten haben das Leben unter Wasser seit alters her geprägt und verändert.

Lernen Sie diese wahrhaft Großen der Geschichte kennen, bei, vor oder nach großen Welt-Ereignissen.

Heroes der Geschichte

Die Jungfrau von Orleans
Verurteilt als Sünderin und rehabilitiert als Heilige. Ganz schön heißes Ding.

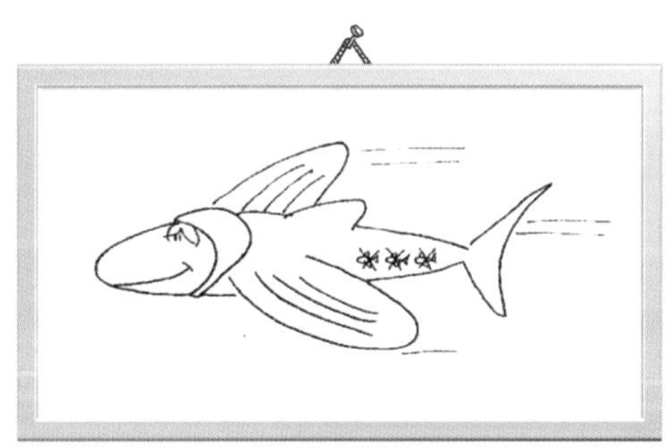

Red Baron
(Berühmter Kampfflieger des Ersten Fischkrieges)

Wyatt Earp
Berühmtester Marschallstern des Westens

Shell the Ripper
Massenmörder mit Kultstatus

Legenden..... **.....und Mythen**

Die Geschichte von
Kain und Abel
Brudermord auf eine besonders heimtückische Art und Weise

Adam und Eva
Kurz vor dem unfreiwilligen Verlassen des Paradieses

Kapitel 2

Täuschen, schützen, tarnen

Im Zuge der Evolution haben sich einige Exemplare der Unterwasser-Fauna geradezu unglaubliche Verhaltensmuster angeeignet, um im täglichen Kampf ums Fressen und Gefressenwerden zu überleben.

Einige schützen sich durch die Ähnlichkeit mit gefürchteten Meeres-Spezies......

...andere nehmen im Gefahrenfall Form und Farbe von häufigen Unterwasser-Formationen ein.

Wieder andere.....
...suchen ihr Heil ....

...in massierten Täuschungsmanövern.

Kapitel 3

Herzflimmern

Wasser auf nackter Haut ist eine aufregende Erfahrung und sicherlich eines der stärksten Aphrodisiaka, das die Natur hervorgebracht hat. Kombiniert mit dem erhöhten Fortpflanzungsdrang gefährdeter Arten ist das wohl die Erklärung, weshalb männliche Unterwasserbewohner für die Hoffnung auf Sex fast alles tun und dabei – im wahrsten Sinne – leider oft ihren Kopf verlieren.

Die Angst vor ungewollter Schwangerschaft ist für viele Weibchen ein echter Sexkiller. Erfolgreiche Taktiker zeigen deshalb schon vorher, dass und wie sie Verantwortung übernehmen.

Kapitel 4

Fischologisches

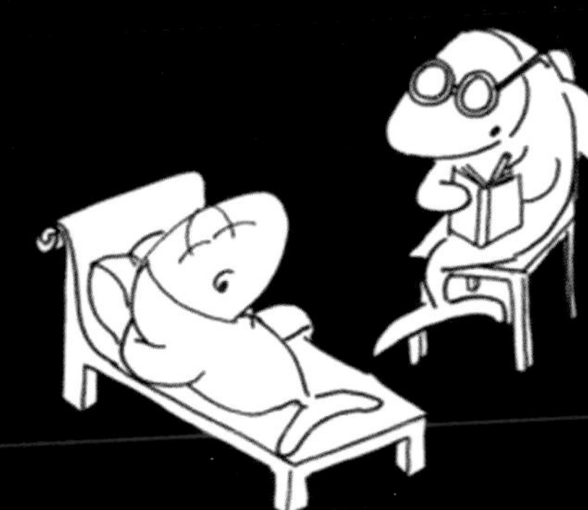

In ihrem sozialen Verhalten sind auch Fische Urtrieben und niedrigen Bedürfnissen unterworfen, deren Abgründe unerwartet durch die dünne Schicht der Zivilisation brechen können.

Fische verfügen aus Überzeugung über keine Kreditkarten, keine Luxusautos, keine Yachten und keine sonstigen weltlichen Güter.
Vielleicht ist deshalb die Welt unter Wasser eine weitgehend neidfreie Zone.

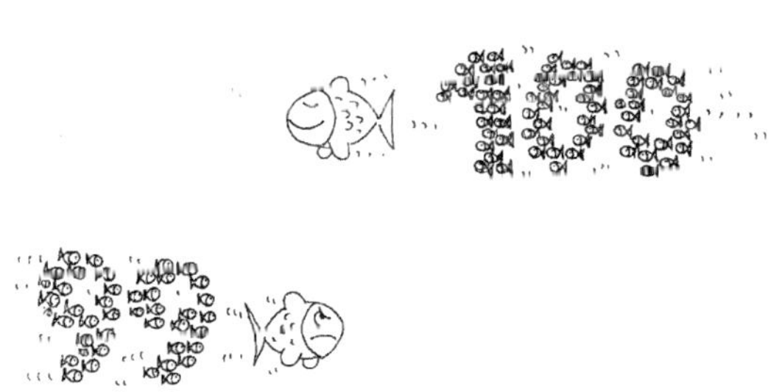

Toleranz Fremden gegenüber ist eines der ersten Höflichkeitsgebote unter Fischen.

Nicht nur deshalb unterscheiden sie sich wohltuend von anderen Lebensformen.

Kapitel 5

Nicht tot zu kriegen !

Die Meere sind überfischt. Riesige Fischereiflotten durchstreifen die Ozeane auf der Jagd nach dem letzten essbaren Exemplar. Dazu zerstören Giftabfälle, Müll und Unterwasserbergbau systematisch die Lebens-räume der Meeresbewohner. Eigentlich haben die Fische keine Chance mehr. Doch „uneigentlich“ sind sie einfach nicht tot zu kriegen - zumindest nicht , was ihren Humor betrifft.

Um unnötiges Töten zu vermeiden, praktizieren viele Sportfischer heute die sogenannte „Catch and Release“ Methode = Fische fangen und danach wieder freigeben.

Bei den Imageproblemen des kommerziellen Haifangs lag es deshalb nahe, hier gleichzuziehen. Fast alle Hai-Fischer praktizieren deshalb seit längerem eine ähnliche Methode mit dem Namen: „Catch, Cut and Release“.

CATCH = Fangen mit kilometerlangen Fangleinen und Tausenden von Haken.
CUT = Abschneiden der Flossen
RELEASE = Wieder lebend ins Meer zurückgeben

Besonders das Freilassen der Haie – zurück in ihren natürlichen Lebensraum - wird von den Interessensvertretern der sogenannten Finning-Industrie gerne als besonders nachhaltige Maßnahme gefeiert.

Wie meist bei solchen Behauptungen fehlen jedoch leider Fakten und Studien, um den ökologischen Nutzen tatsächlich zu belegen.

Deshalb wird es höchste Zeit, einmal hinter die Kulissen zu schauen. Wie sehen es eigentlich die Betroffenen selbst?

Durch ihre Unbeliebtheit bei anderen Fischen müssen die Opfer des Finnings oft auch noch ätzenden Spott ertragen.
Spar Dir Dein Mitleid. Für mich sind das alles nur Simulanten !
Im Grunde sehe ich das eigentlich positiv: Zum einen leben sie ja noch - und dann können sie uns ja jetzt nicht mehr jagen !

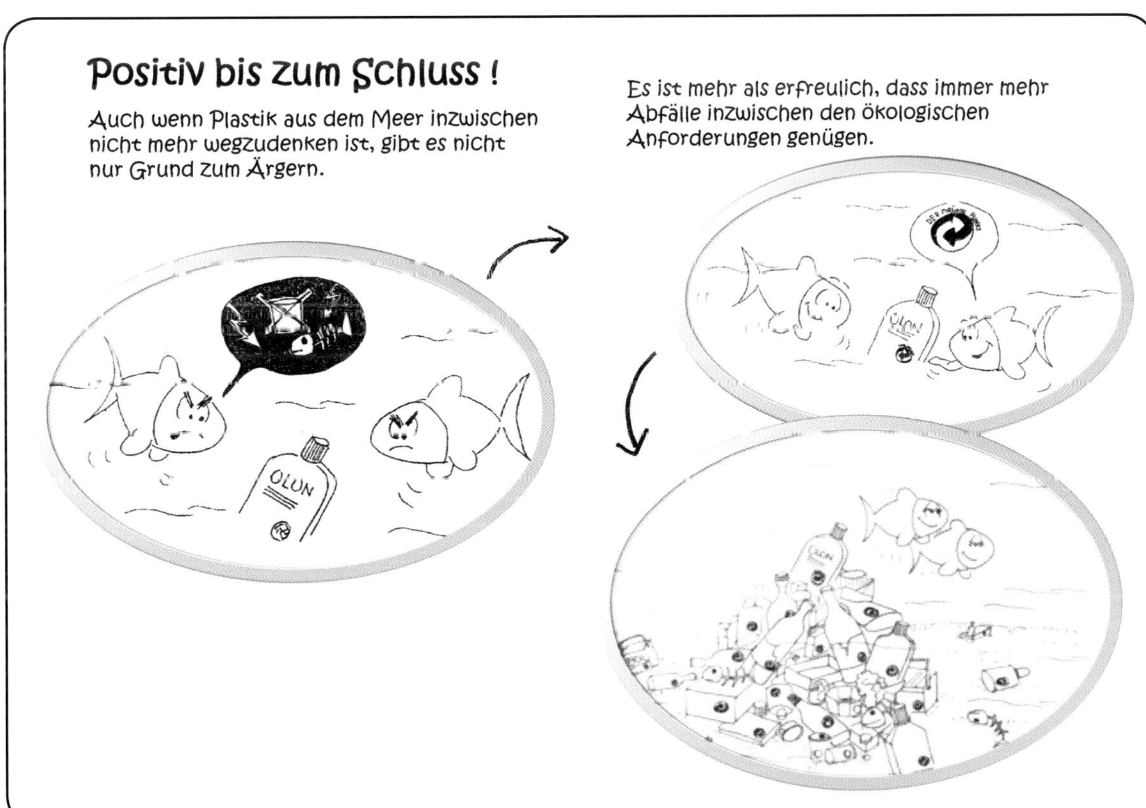
Positiv bis zum Schluss !
Auch wenn Plastik aus dem Meer inzwischen nicht mehr wegzudenken ist, gibt es nicht nur Grund zum Ärgern.
Es ist mehr als erfreulich, dass immer mehr Abfälle inzwischen den ökologischen Anforderungen genügen.

Das Rote Meer gehört zu meinen Lieblings-Tauchplätzen. Nicht weil dort noch alles in Ordnung ist, da hakt es wie überall. Aber es gibt dort eine Organisation, die für das Überleben des Roten Meeres kämpft.
Mit der HEPCA und ihrem Managing Director AMR ALI verbinden mich unzählige Erlebnisse und Geschichten. Das nächste Kapitel erzählt, wie AMR und ich uns kennenlernten und noch ein bisschen mehr.

EIN KREIS SCHLIESST SICH

| 22

Wieder mal auf der „boot"-Messe in Düsseldorf. Für uns als Organisation, die sehr eng mit der Tauchsportbranche verbandelt ist, ein absolutes Muss. Hier trifft man alles und jeden, der in der Branche einen Namen hat, sowie jede Menge Haiinteressierte. Ich bin sicher, dass wir ohne die weltweit größte Wassersportmesse niemals so schnell bekannt geworden wären.

Wir mochten uns. Der erste Messetag gehörte immer uns und unseren endlosen Diskussionen. Und obwohl ich Tee nicht mag, lernte ich ihn zu trinken.

SHARKPROJECT war damals gerade mal fünf Jahre alt, unter deutschsprachigen Tauchern zwar bereits eine bekannte Größe, aber international mussten wir uns noch zurechtfinden. Deshalb hatte ich keine Ahnung, wer dieser – sagen wir mal – recht stattliche Mann war, der eines Tages auf unseren Messestand stürmte, fragte, wer Gerhard Wegner sei, und mich dann sofort in ein Gespräch verwickelte. Vom Äußeren war mir klar, dass er irgendwo aus dem arabischen Raum stammen musste, sein Englisch war perfekt und er hatte ein rotes Shirt an mit einem HEPCA-Logo. Im Gespräch wurde schnell klar, wen ich hier vor mir hatte: Es war Amr Ali, der Managing Director der HEPCA, einer ägyptischen Meeresschutzorganisation für das Rote Meer. Seine Ideen, seine Ansichten, die Kampagnen der HEPCA waren beeindruckend. Drei Stunden später diskutierten wir immer noch. Im Gespräch tauchten ständig neue Schnittstellen zwischen unseren Organisationen auf, die wir sofort weiterdiskutieren mussten. Zwischendurch kamen regelmäßig HEPCA-Mitarbeiter an unseren Stand, um Amr Ali Fragen zu stellen und Anweisungen abzuholen. Sie kamen in immer kürzeren Abständen und wurden zunehmend ungeduldiger. Doch wir störten uns nicht daran. Kaum waren sie weg, diskutierten wir weiter. Es war Liebe auf den ersten Blick zwischen Amr und mir und jede Menge Gemeinsamkeiten zwischen unseren Organisationen. Bevor Amr ging, vereinbarten wir noch eine offene Partnerschaft.

Details und Inhalte sollten noch verhandelt werden.
Seit dieser Zeit sind/waren wir enge Freunde. Freunde auf Distanz. Zwölf Monate lang gab es nur E-Mails und Telefonate. Dann kam die „boot". Dort klopften wir uns auf die Schultern, tranken Tee miteinander und diskutierten. Aber wir redeten nicht nur. Als Ergebnis der Partnerschaft setzten SHARKPROJECT und HEPCA z.B. gemeinsam vor Hurghada ein Unterwasser-Denkmal gegen die Zerstörung der Meere. Dieses Shark-Monument wurde zum allgemeinen Check-Dive-Mittelpunkt aller Safariboote, die von Hurghada aus aufbrachen. Wir schufen zusammen Haivorträge für die ägyptischen Tauchlehrer, entwickelten ein Education-Program für die ägyptischen Schulen, beteiligten uns an HEPCA-Forschungen über die Haie des Roten Meeres und vieles, vieles mehr. Ein bestimmtes Thema kam dabei immer wieder. Amr Alis Traum eines eigenen Forschungsschiffes – eines ganz besonderen Boots. Seine Idee war, den Tauchtourismus zu nutzen, um wissenschaftliche Forschungen im Roten Meer zu finanzieren. Im Grunde total simpel. Ein speziell ausgerüstetes HEPCA-Boot sollte Red Sea-Safaris gemeinsam mit Wissenschaftlern anbieten. Die Taucher sollten dabei selbst aktiv bei den Forschungsarbeiten mitarbeiten können und so ganz nebenbei die Forschung an sich finanzieren.

Super, wenn das klappen würde. Ich war sicher, dass sich jede Menge begeisterte Taucher finden würden, die gerne an Forschungen über Haie, Delfine, Korallen oder Schildkröten mitarbeiten und dabei noch unvergessliche Tauchgänge erleben wollten.

Doch – wie gesagt – es war zunächst nur eine Idee. Vor der Verwirklichung türmten sich riesige Hürden auf – denn irgendwer musste das ja erst einmal vorfinanzieren. X-mal über die Jahre hinweg spannen wir gemeinsam Ideen und Konzepte und suchten nach Finanzierungsmodellen. Irgendwie gehörte diese Diskussion zu unserem BOOT-Düsseldorf-Standardtreffen dazu.

Dann irgendwann im Frühjahr 2016, gut zehn Jahre nach unserer ersten Diskussion – rief mich Amr aufgeregt an. Es war soweit. Er hatte es geschafft und ein Boot gekauft. Es handelte sich um ein ehemaliges Safariboot mit Kapazität für sechszehn Wissenschaftstouristen und allem, was ein Tauchboot im Roten Meer so braucht. Jetzt sollte es nur noch umgebaut werden und irgendwann Mitte 2017 das erste Mal

Amr´s Traum hat sich erfüllt. Leider erst nach seinem überraschenden Tod. Die „AMR ALI – Defender of the Red Sea“ ging im September 2017 auf die erste Wissenschaftsfahrt.

auf Tour gehen. Er lud mich ein, die erste Fahrt mit einem Haivortrag zu eröffnen.

Ich freute mich sehr über die Ehre und über die Erfüllung von Amrs Traum.

Doch nur wenige Wochen später bekam ich einen Anruf der HEPCA, der mich fassungslos machte. Mein Freund Amr Ali war völlig überraschend an einem Herzinfarkt gestorben. Ich konnte es nicht glauben. Sein Tod riss eine solch unglaubliche Lücke, nicht nur für den Schutz des Roten Meeres, seiner Familie und seinen Mitarbeitern, sondern auch bei mir, sodass ich mich wochenlang nicht beruhigen konnte. Eine Zeit ohne Amr schien absolut unmöglich. Es konnte, es durfte einfach nicht sein.

Doch die Zeit ging weiter. Heba Shawky trat in seine riesengroßen Fußstapfen, als neue Managing Direktorin. Sie musste neu entscheiden und ihre eigenen Wege finden. Damit war Amr Alis Traum des Wissenschaftbootes wohl gestorben. Dachte ich zumindest. Doch ich hatte die Rechnung ohne die HEPCA gemacht. Auf der „boot“ 2017 kam Heba zu mir, stellte sich vor und bat mich, die erste wissenschaftliche Fahrt zu übernehmen, so wie Amr es sich gewünscht hatte. Als sie mir den Namen nannte, den die HEPCA dem Boot gegeben hatte, wurden mir die Augen feucht: Die „R/V AMR ALI – Defender of the Red Sea“ sollte ab September 2017 auf Tour gehen.

Bei der ersten wissenschaftlichen Fahrt mit mir würde die HEPCA Ranger und Verantwortliche aus allen Red Sea – Nationalparks sowie den Marine Protect Areas einladen. Das große Thema sollten Haie sein. Hintergrund waren einige Haiunfälle der Vergangenheit mit Schnorchlern und Schwimmern. In einigen Fällen wurden die Haie danach gefangen und getötet. Ich sollte mit meinem Vortrag die Ranger positiv beeinflussen.

Natürlich sagte ich sofort zu. Erst einige Tage später wurde mir klar, dass der Workshop in englisch war und über mein Negativtalent Sprachen habe ich ja schon einiges erzählt. Aber – pfeif drauf – das würde schon irgendwie gehen. Es ging auch. Sogar überraschend gut. Was wohl daran lag, dass viele der Ranger ein noch schlechteres Englisch sprachen als ich. Aber es lag auch an Barbara (Dr. Barbara Szvetits) von SHARKPROJECT Austria, die mich ebenso charmant wie professionell im Vortrag unterstützte.

Statt zahlender Touristen hatten die HEPCA Ranger und Wissenschaftler aller RED SEA Nationalparks und der Marine Protected Areas zu einem Workshop eingeladen. Thema: Die Gründe für Haiunfälle, und wie man sie vermeiden kann!

Roter Faden unseres Vortrages war ein aktueller Unfall in Marsa Alam, bei dem eine Schnorchlerin schwer verletzt wurde. Von dem Unfall gibt es einen verwackelten aber aussagekräftigen Unterwasserfilm. Eine ideale Basis, um das Verhalten des Hais und vor allem das Verhalten der Menschen in dem geplanten Workshop zu analysieren. Insgesamt wurde es ein sehr erfolgreicher Workshop. Dazu kamen intensive Gespräche mit Verantwortlichen der Nationalpark-Verwaltung und der HEPCA vor und nach dem Workshop. Erste Ergebnisse zum Schutz der Haie im Roten Meer und zur Vermeidung von zukünftigen Haiunfällen am Roten Meer werden wohl auf der „boot" 2018 auf dem HEPCA-Stand zu sehen sein.

Amr hätte es auf jeden Fall gefallen und ich weiß, irgendwie war er auch dabei, als sich im September 2017 der Kreis auf der R/V AMR ALI schloss, der sich zehn Jahre früher geöffnet hatte.

Dr. Barbara Szvetits

Es war eine Freude und sehr beeindruckend zu sehen, welch großes Interesse alle zwölf ägyptischen Ranger und Wissenschaftler an der Schulung über Haie hatten. Die Diskussionen waren äußerst spannend und zeigten, dass der Schutz der Haie durch den SHARKPROJECT-Workshop eine neue Bedeutung für die Ranger erlangt hat.

Dr. Barbara Szvetits

Ahmed Fouad
(regionaler HEPCA-Manager für das südliche Rote Meer)

Diese Schulung war äußerst hilfreich, um das ideale Verhalten zu trainieren, wenn es bei Wassersportaktivitäten im Roten Meer zu Haibegegnungen kommt. Außerdem wird der Workshop den Managementplan für Haiunfälle am Roten Meer positiv beeinflussen. Er hat das Potenzial, zukünftige Haiunfälle zu verhindern, indem Taucher und Schnorchler geschult werden, das Verhalten der Haie verstehen zu lernen.

Dr. Tamer Monir *(Wissenschaftler in der „North Islands" Rotes Meer-Schutzzone und Teilnehmer des Workshops)*

Diese Woche auf der „R/V AMR ALI – Red Sea Defender" mit dem SHARKPROJECT-Team war eine sehr wertvolle Erfahrung für mich. Ich kann nun das Verhalten von Haien viel besser einschätzen. Ich persönlich habe jetzt ein besseres Wissen, das mir ermöglicht, mit zukünftigen Haiunfällen anders umzugehen. Für mich macht es nun einen großen Unterschied, verglichen mit dem rein wissenschaftlichen Blickwinkel, den ich aus Büchern kenne. Ich habe seit diesem SHARKPROJECT-Workshop nun keine Angst mehr vor Haien, und meine Einstellung zu ihnen hat sich komplett verändert. Wichtig ist es, sowohl die unterschiedlichen Sinne zu kennen als auch die Sprache der Flossen. Der Workshop war klar und verständlich und hilft uns ab sofort, das Haiverhalten unter Wasser zu verstehen, um mögliche Haiunfälle besser zu analysieren. Mit diesem Wissen können richtige Entscheidungen getroffen werden.

Ich habe eine Macke.
:-) Ok - mehr als eine.
Aber diese, die ich meine,
ist, dass ich persönliche
Auszeichnungen hasse.
Jeder, der mich kennt, weiß das.
Und trotzdem habe ich im Büro
ganze Wände voller Urkunden,
Medaillien und sonstiger
Ehrungen.
Die habe ich immer in
Abwesenheit gekriegt,
oder wenn ich vorher nicht
abhauen konnte oder wenn man
mich bewusst getäuscht hat. So
wie im Kapitel: Surprise, Surpise.
Von meinem Freund AMR ALI
hätte ich das aber niemals
vermutet.
Aber so kann man sich
täuschen!

Amr Ali
HEPCA
CARING FOR THE RED SEA
(CODE RED)
SHARKPROJECT
HEPCA

DARF EIN EMIR WIRKLICH VIER FRAUEN HEIRATEN?

| 23

Eine interessante Frage, auch, wenn sie so aus dem Zusammenhang gerissen, vielleicht zunächst etwas kurios erscheint. Mich beschäftigt diese Frage jedoch schon einige Jahre. Amr Ali hat mir hier einen dicken Floh ins Ohr gesetzt.
Deshalb hier noch ein weiteres HAILIGHT-Kapitel, das ich meinem Freund Amr Ali verdanke.

Ägypter sind nett, freundlich, hilfsbereit, und wenn man es in ihr Herz schafft, Freunde fürs Leben. Aber manches Mal haben sie auch einen echten Tick. Zum Beispiel mit Awards, Auszeichnungen, Pokalen und Medaillen.

Ich weiß, von was ich rede. Zuhause habe ich eine Menge davon. Alle aus den letzten zehn Jahren. Überreicht von der HEPCA, von der ägyptischen Nationalpark-Verwaltung, dem Umweltministerium oder dem Gouverneur des Red Sea-District. Alle Jahre wieder. Eine Sammlung golden glänzender Staubfänger, die imposant aussehen und im Weg herumstehen.
Stopp, ich tue den Verantwortlichen jetzt wirklich unrecht. Sie meinen es nur gut. Aus ihrer Sicht zeigen sie so ihre Wertschätzung und wollen den Empfänger auf diesem Weg ehren. Aber genau damit habe ich meine Probleme. Das habe ich ja schon in dem Kapitel mit dem TAUCHEN-AWARD deutlich gemacht.
Mein Freund Amr Ali, der Gründer und langjährige Managing Director der HEPCA, wusste das, und ich wiederum wusste, dass er das wusste. Wenn er deshalb wieder mal mit einer mahagonifarbenen Geschenkbox an unserem Stand stürmte, verschwand ich sofort durch den Hintereingang. Bei meiner Rückkehr fand ich dann immer eine neue Medaille, einen neuen Pokal oder Ähnliches vor. Meine Titel sind „Friend of the Red Sea", „Partner of HEPCA" und was es sonst noch alles an gut gemeinten Fantasiebezeichnungen gibt.

Wie gesagt, ich will nicht zynisch sein. Aber ich mag das nicht und versuche, solchen persönlichen Auszeichnungen, so gut es geht, auszuweichen.
Doch einmal hat mich Amr Ali kalt erwischt. Wir hatten im letzten Jahr eine Reihe gemeinsamer Aktivitäten am Roten Meer mit dem Erfolg abgeschlossen, dass die ägyptische Regierung das erste arabische Haischutzgesetz erlassen hatte. Ein Riesenerfolg unserer Arbeit und Amr kam am ersten Messetag der „boot" 2015 wie immer zu einem Tee und einem langen Gespräch an unseren Stand.
Zum Abschluss teilte er mir so ganz nebenbei mit, dass ich um 10:45 Uhr zu einer Pressekonferenz am HEPCA-Stand zu erscheinen habe. Misstrauisch schaute ich ihn an. Doch Amr drückte mir eine dicke Mappe in die Hand, mit dem Titel „CODE RED." Darum sollte es gehen. Gemeinsam mit dem ägyptischen Botschafter und dem Gouverneur des Red Sea-District, die beide extra deswegen angereist kämen, werde er auf dieser Pressekonferenz eine neue Initiative zum Schutz des Roten Meeres vorstellen. CODE RED sollte die Plattform für die Umweltarbeit der nächsten Jahre werden. Und ich, als „Friend of the Red Sea" und als „Partner of HEPCA" müsse partout dabei sein. Zum Schluss bemerkte er noch, den dicken Schinken solle ich mir unbedingt vorher noch durchlesen. Die HEPCA vertraue bei den geplanten Aktivitäten auf unsere Hilfe.
Na klar, das verstand ich. War auch ziemlich neugierig, weil Amr nie etwas von diesem geheimnisvollen CODE RED erzählt hatte. Als Geheimnisträger kannte ich ihn bislang nicht. Als Amr gegangen war, zog ich mich deshalb sofort in die Standküche zurück, um ungestört zu sein, und las die Papiere gründlich durch. Danach war ich, zugegeben, ein bisschen verwirrt. Die HEPCA hatte Großes vor. Und bei einer Kampagne dieser Größenordnung hätte es sich unter Partnern gehört, im Vorfeld das Ganze mal zu diskutieren, statt einfach zu bestimmen. Aber andererseits stand nichts Falsches darin, ich vertraute Amr und es passte zu uns, wie die Faust aufs Auge.
Pünktlich um 10:45 Uhr war ich deshalb am HEPCA-Stand. Nicht ganz einfach, weil sich um diese Zeit schon die Besucher in den Gängen drängten und ein Durchkommen schwierig war. Besonders, wenn einen noch jeder Zweite erkannte und versuchte, in ein Gespräch zu verwickeln. Doch – wie gesagt – ich war pünktlich und offensichtlich

viel zu früh. Die HEPCA-Mitarbeiter waren erst dabei, die Bühne vorzubereiten, und von der Presse war weit und breit noch nichts zu sehen.
Amr natürlich mittendrin in dem ganzen Vorbereitungsgewusel. Als er mich sah, zog er mich am Arm in den Stand und schaute mich dann forschend von oben nach unten an. Zunächst mein SHARKPROJECT-Shirt (okay, alt und etwas zerschlissen, aber wir sind nun mal eine sparsame Organisation!), anschließend glitt sein Blick hinunter zu meinen Jeans (Amr, das sind meine Lieblingsjeans, saubequem für die Messe. Wen stört denn schon das Alter!). Er seufzte, doch dann, als sein Blick meine Schuhe erreichte, schloss er verzweifelt seine Augen. (Amr, ich trage diese schwarzen, leicht beschädigten Crocs, weil ich damit den ganzen Tag auf der Messe laufen kann! Nicht schön, zugegeben, aber irre praktisch!)
„Gerhard, you need other shoes! Go back to your stand and change them!", befahl er.
„And why?", versuchte ich, mich zu wehren. Was sollte das?
„Change your shoes and come back in five minutes, please!", befahl er und ließ mich stehen.
„Mach besser, was er sagt", meinte Harald Apelt, ein alter Freund und einer der Verantwortlichen von taucher.net, der zwischenzeitlich als einer der ersten Presseleute aufgetaucht war. „Du weißt, wie die Ägypter sein können."
Ich wollte gerade losschimpfen. Doch dann fiel mein Blick auf Professor Franz Brümmer, den Präsidenten des VDST, der gerade im dunkelblauen Anzug mit passender Krawatte und auf Hochglanz polierten Lederschuhen den HEPCA-Stand betrat. Zähneknirschend gab ich auf. „Friends of the Red Sea" und „Partner of HEPCA" müssen scheinbar gut gekleidet sein.
Auf dem Messestand zog ich grummelnd meine normalen Schuhe an und streifte ein noch fabrikneues SHARKPROJECT-T-Shirt über. Das musste genügen. Dann wieder zurück durch die Menschenmassen an den inzwischen prall gefüllten HEPCA-Messestand. Ich konnte mir noch einen Platz neben Harald Apelt in der dritten Reihe sichern, hatte aber von dort einen guten Blick auf die Bühne.

Eine der HEPCA-Mitarbeiterinnen bemerkte mich jedoch, drängte sich charmant lächelnd durch die versammelte Presse zu mir durch und bugsierte mich nach vorne, in die erste Reihe. Grinsend ließ ich es mit mir geschehen. Es hat halt seine ganz speziellen Vorteile, wenn man ein frisches T-Shirt und ordentliche Schuhe trägt, dachte ich noch.
Dann ging`s schon los. Als Erstes kam Amr Ali, gefolgt vom ägyptischen Botschafter aus Berlin und dem Gouverneur des Red Sea-District. Dazu die Präsidiumsmitglieder der HEPCA und eine lange Reihe dunkelblauer Anzugsträger. Na, die HEPCA hatte ja einiges vor. Ich war gespannt.
Amr stellte ausführlich die Idee und die Absichten des CODE RED für das Rote Meer vor. Die Presse war Feuer und Flamme. Konnte ich verstehen, doch mir fehlte etwas die Aufmerksamkeit. Hatte ich doch das Ganze gerade kurz vorher gründlich studiert. Auf jeden Fall hatte ich im Verlauf der über 40-minütigen Präsentation, bei denen sich die Themen bei jedem Sprecher wiederholten, irgendwann den Faden verloren und hing meinen eigenen Gedanken nach. Erst als Harald Apelt, der sich in meinem Windschatten mit nach vorne gedrängt hatte, mir auffordernd auf die Schulter klopfte, schreckte ich hoch. Was war los? Dann sah ich schon Amr, der mich nach vorne winkte. Upps, hatte ich was verpasst? Musste ich was sagen?
In meinem nagelneuen T-Shirt und meinen Lederschuhen musste ich einen guten Eindruck gemacht haben, denn der Gouverneur des Red Sea-District schenkte mir feierlich ein historisches Schwert eines Beduinenstammes, der seit vielen hundert Jahren am Roten Meer lebt. Nach seinen Worten war dieser Stamm immer die erste Verteidigungsline, wenn sich Feinde dem ägyptischen Reich über das Rote Meer näherten. Deshalb freue er sich sehr, so der ägyptische Botschafter, der die weitere Zeremonie übernahm, dieses ganz besondere Schwert, an mich zu überreichen. Aber jetzt dürfe ich mich „Defender of Red Sea" nennen und wäre damit Teil in einer langen Reihe von Menschen, die mit ihrem Engagement für den Erhalt des ägyptischen Ökosystems kämpften.
Ich schüttelte einige Hände, darunter auch die Pranken des breit grinsenden Amr Ali und bedankte mich danach artig. Gott sei Dank hatte ich das Papier gelesen und konnte einige intelligente Sätze daraus zitieren.

Beifall und Abgang, dachte ich. Doch nicht ganz, erst musste ich noch im Namen von SHARKPROJECT den CODE RED feierlich unterschreiben und erst als der Botschafter und der Gouverneur ebenfalls unterschrieben hatten, begleitete mich Amr wieder in die erste Reihe zurück.

„I got you“, flüsterte er mir mit einem triumphierenden Grinsen zu. Und als ich nur mit den Augen rollte, ergänzte er augenzwinkernd „Now you are an Egypt Emir. And you can marry four women!“

Damit ließ er mich allein. Noch fassungslos nahm ich einige Gratulationen entgegen. Dabei rasten meine Gedanken. „Wow, wie soll ich das Chris beibringen?“

Damit meinte ich nicht das Schwert, das ich jetzt an meiner Seite trug. Das würde Chris augenrollend akzeptieren. Aber das Ding mit den vier Frauen?

Aber, ob das mit den vier Frauen stimmt, oder Amr sich nur einen Spaß erlaubt hat, bleibt ungewiss. Denn meine Frau hat mich eiskalt ausgebremst. „Versuch es“, sagte sie knapp und mit kalter Stimme, als ich ihr später am Stand alles erzählte, „Ich garantiere dir, das würdest du nicht überleben!“

Die Botschaft kam an.

Wobei ich mir bis heute nicht sicher bin, wie sie das eigentlich gemeint hatte.

Nach x Tagen ohne Haie gelang mir diese Aufnahme am letzten Tag, kurz vor dem Ankerlichten. Last but not least - könnte deshalb die Bildüberschrift sein. Und deshalb passt es auch perfekt zum letzten Kapitel. :-)

LAST BUT NOT LEAST

| 24

Kommen wir zum letzten Kapitel. Der eine oder andere wird beim Lesen meiner HAILIGHTS bemerkt haben, dass in der Häufung der Geschichten ein bisschen viel Autobiografie anklingt.
Stimmt. So etwas in der Art soll es auch werden. Für Anfang 2018 – nach sechzehn Jahren als Präsident – habe ich mich entschlossen, zurückzutreten und den Weg für jüngere Haischützer frei zu machen. Um sämtlichen Gerüchten gleich vorzubeugen: Es gibt weder Streit noch sonstige Probleme. Aber für mich wird es aus verschiedenen Gründen jetzt einfach Zeit, ein bisschen kürzerzutreten.
Meinen Ausstieg haben wir gut vorbereitet, um einen reibungslosen Übergang zu gewährleisten.

In den letzten Jahren ist eine neue Generation Haischützer hinzugekommen. Jüngere, hoch engagierte Menschen, die – durchaus gewünscht – andere Ideen einbringen und anders denken. Die Zukunft von SHARKPROJECT ist bei ihnen in besten Händen.
Meine Frau, meine Kinder und meine Enkel freuen sich schon, dass ich bald mehr Zeit für sie habe und ich freue mich, mein Kind SHARKPROJECT noch eine ganze Weile aus einer anderen Perspektive und aus einer anderen Position heraus begleiten zu dürfen.
Im Vorwort stellte ich die Frage: Würde ich das alles nochmals tun? Und gab gleich die Antwort: Sofort! Die sechzehn Jahre mit SHARKPROJECT gehören zu den kostbarsten und wichtigsten Jahren meines Lebens. Die Gründe dafür sind vielfältig. Davon handelt dieses letzte HAILIGHT.

Nach einem Vortrag, ich weiß nicht mehr wann und wo, sprach mich eine ältere Dame an. „Warum machen Sie das eigentlich?", wollte sie wissen. „Warum investieren Sie so viel private Zeit und riskieren Ihr Leben?"
Gute Frage! Nach kurzem Überlegen sagte ich dann einen Satz, den ich schon im Vorwort erwähnt habe und der mich seitdem in vielen Interviews verfolgt. Sinngemäß habe ich ihn von Winston Churchill entlehnt.

„Die Meere sterben", antwortete ich, „... und irgendwann werden mich meine Enkel fragen, was ich in dieser Zeit gemacht habe, um die Katastrophe aufzuhalten. Dann möchte ich nicht stottern müssen, sondern sagen können, dass ich alles getan habe, was mir möglich war, und noch ein bisschen mehr!"
Wow! Klingt echt stark, oder? Deshalb habe ich diesen Ausspruch auch an den Anfang des Buches gesetzt.
Die ältere Dame war zumindest beeindruckt und ließ mich mit meinen Gedanken allein. Und davon gab es jede Menge. Sie hatte nämlich unbewusst einiges in mir angestoßen. War das tatsächlich der Grund, das alles zu tun? Ich war rund um die Uhr im Einsatz für die Haie, habe dafür Familie, Firma und Freunde vernachlässigt. Wegen der Meinung meiner Enkel? War ich wirklich so ein Held oder spielten dabei auch noch eine ganze Reihe anderer Dinge mit?
Ich denke, hier muss man unterscheiden zwischen Anlass und Motivation.
Klar steht der engagierte Kampf gegen die Zerstörung der Meere für mich über allem. Niemals aufgeben und kämpfen, bis es nicht mehr geht. Das ist ein erheblicher Teil von mir. Soweit bin ich mit Winston Churchill und meinen Enkeln konform.
Aber die Motivation, durchzuhalten, immer wieder neu anzutreten und immer wieder neu gegen die Hydra der Unvernunft und Ignoranz anzukämpfen bzw. gegen Neid und Gehässigkeit, die kommt zu einem guten Teil auch aus anderen und sehr persönlichen Motiven.
Unseren Unterstützern und „Fans" zum Beispiel.
Im Laufe der Jahre haben wir/ich viele Unterstützer überzeugen können, Menschen, die uns/mich mögen, die ich mag und die uns/mir ungefragt den Rücken gestärkt haben, wenn wieder einmal irgendein Stinkstiefel irgendeinen Shitstorm gegen mich persönlich oder gegen SHARKPROJECT entfesselt hat. Denn damit muss man auch rechnen, wenn man im Vordergrund steht und Erfolg hat. Das ist die negative Seite der Medaille. Man wird sehr schnell zum Ziel von Neidern und geltungsbedürftigen Wichten, die nur ein Ziel haben: den „Helden" da oben zu demontieren. Nicht falsch verstehen: Vom „Held sein" bin ich weit entfernt, aber das interessiert solche Leute nicht. Was musste ich mir schon alles vorwerfen lassen? Ich hätte persönlich Geld unterschlagen (zu dieser Zeit hatte ich 30.000

Euro privates Darlehen an SHARKPROJECT gegeben, um Projekte anzuschieben), ich würde lieber Puppenspiele veranstalten, als Haie zu retten (hier hatte einer den Start unserer Schulkampagne nicht im Ansatz verstanden), oder gar die Behauptung, SHARKPROJECT wäre eine dubiose und unseriöse Organisation (hier hat aus meiner Sicht Hass, Neid und Eigennutz die Intelligenz vernebelt und die Realität vertauscht). Und vieles, vieles mehr.

Wenn ich dann betroffen von so viel Niederträchtigkeit kurzzeitig etwas durchhing, dann waren es die unzähligen positiven Statements unserer Unterstützer und Freunde, die mich wieder auf die Beine brachten und mir halfen, diese Angriffe „ritterlich" zu überstehen.

Dafür möchte ich mich an dieser Stelle ausdrücklich bedanken. Ohne eure Unterstützung hätte ich sicherlich das eine oder andere Mal die Kraft verloren. Immer, wenn ich ans Aufhören dachte, weil auch meine Familie in eine Rufmord-Kampagne hineingezogen oder sogar bedroht wurde, dann war es das Bewusstsein, dass es euch gibt, das mir half, weiterzukämpfen.

Ihr seid ein wesentlicher Teil meiner/unserer Motivation. Danke.

Die kleinste, größte Haiausstellung der Welt. Ein Ausstellungsschlager, der bisher über 200.000 Menschen erreicht und berührt hat.

Hier mit meiner Frau Chris.

Und wenn wir gerade bei Menschen sind. Da gibt es ganz besondere, denen ich ganz besonderen Dank schulde. Was hätte ich nur ohne sie gemacht? Wäre ohne diese Menschen SHARKPROJECT überhaupt möglich gewesen? Klare Antwort: Nein!
Diese Menschen waren und sind die Seele von SHARKPROJECT. Ihre Freundschaft, Loyalität und Unterstützung hat den Erfolg überhaupt erst möglich gemacht. Eigentlich hätten sie die Autobiografie unserer Organisation schreiben müssen, nicht ich. Voller Demut und Hochachtung verbeuge ich mich vor ihnen.
Da ist zunächst meine Frau, die mit mir zusammen SHARKPROJECT gründete und die immer da war, wenn es brannte, mir immer aus meinen Tiefs heraushalf und mich immer wieder auf den Boden holte, wenn ich abhob. Danke, Chris!
Dann natürlich meine langjährige Weggefährtin, Vizepräsidentin und beste Freundin Christine (Tina) Gstöttner. Allein, dass ich dich kennenlernen durfte, war es wert!
Nicht zu vergessen: meine Christine Staacks. Als langjährige Vizepräsidentin und CI-Director war sie unermüdlich und immer da – und das fast von Anfang an. Wenn wir uns treffen, lachen wir gerne über unser erstes Kennenlernen. Ich wollte sie mit der ersten Website für SHARKPROJECT beauftragen und sprach von 2-4 Seiten und was das wohl für einen armen Verein kosten würde? Ihr Lachen habe ich immer noch im Ohr. Christine war und ist das Herz und die Seele von SHARKPROJECT geworden. Sie gestaltet und betreut nicht nur die vielfältigen Seiten unserer aktuellen Website, sondern ist auch in vielen anderen Bereichen unentbehrlich. Ohne sie gäbe es unser Logo nicht, es gäbe keinen Aufkleber und keine einzige Broschüre, die unseren CI-Richtlinien entspricht. Nicht zu vergessen, Titel und Reinzeichnung unserer Bücher. Danke für alles, Christine!
Nicht vergessen bei dieser Aufzählung darf ich auch nicht Dr. Erich Ritter. Er, bzw. genauer gesagt, seine abgebissene Wade, hat den Impuls zur Gründung von SHARKPROJECT gegeben. Deshalb trotz allem, was seitdem vorgefallen ist: Danke für die guten Jahre.
Wenn ich gerade bei alten Weggefährten bin, dann darf ich Regine Schneider und Ansgar Heß auf keinen Fall vergessen. Sie sind zwar keine Mitglieder von SHARKPROJECT, aber unverzichtbar und von Anfang an dabei. Regine hat unseren Shop übernommen, als wir

aus Zeitmangel auf-geben wollten, und vieles, vieles mehr, was unsere ehrenamtliche Tätigkeit überfordert oder was besondere Organisationsfähigkeit voraussetzt. Tja, und ohne Ansgar gäbe es keine Messe, keine Ausstellung und keine genialen MacGyver-Lösungen für alle meine verrückten Ideen. Für Regine und Ansgar gilt: Riesenherz, Riesenengagement und alles immer zum Zwergen-Preis und mit ungezählten kostenlosen Zusatzleistungen. Danke an euch zwei – von ganzem Herzen.

Und dann sind da noch die Menschen, die im Laufe der Zeit zu engen Freunden geworden sind. Da sind zum einen Wolf Snykers und seine Frau. Wolf hat meiner Frau und mir den Afrika-Virus eingepflanzt und SHARKPROJECT über all die Zeit als Sponsor begleitet. Dann kommen da André Hartman, Andrew F. Cobb mit seiner Frau Jane und natürlich Randall Arauz. Mit ihnen habe ich so viel erlebt, dass es Stoff für ein neues Buch ergeben würde.

Das waren die Alten, genauer gesagt, diejenigen, die fast von Anfang an dabei waren und ohne die unsere Anfänge nicht möglich gewesen wären.

Dann gibt es die, die viel getan haben, unendlich viel Engagement und Zeit investiert haben, aber irgendwo unterwegs zurückstecken mussten. Die Arbeit für SHARKPROJECT ist hart und aufreibend. Sie kostet enorm viel Freizeit, die dann der Familie fehlt und sie bringt kein Geld, da wir alle bis heute ehrenamtlich arbeiten und anfallende Spesen aus eigener Tasche bezahlen. Aus privaten und beruflichen Gründen mussten deshalb viele von uns in den letzten Jahren ihr Engagement zurückschrauben oder gar aufgeben. Stellvertretend für alle möchte ich bedanken bei Dr. Andreas Keppeler, meinem Freund Peter Arnold, bei Walter und Elisabeth Buchinger und bei unserer treuen Weggefährtin Gisela Panzer.

Unvergessen auch die, die von uns gegangen sind aber gerne noch geblieben wären, wie z.B. mein Freund Leo Ochsenbauer. Bei jedem neuen Buch denke ich an ihn. Seine freundschaftliche Kritik und sein Talent fehlen mir da immer ganz besonders.

SHARKPROJECT ist gewachsen. Das bedeutet, noch mehr Arbeit, noch mehr Freizeitverzicht und noch mehr ehrenamtliches Engagement. Den Machern dieses Wachstums gilt meine Hochachtung. Friederike Kremer-Obrock, Alex Smolinsky, Gabi und Herbert Futterknecht,

Denise Smolinsky, Meik Obrock, Heiner Endemann, Daniel Simon, Brigitta Uitz, Elke Harzhauser, Alexander Niedermaier, Martin Trösch, Dr. Iris Ziegler, Simone Grimm und Rolf Richter, um nur einige zu nennen. Sie alle haben in den letzten Jahren SHARKPROJECT zukunftsfähig gemacht, neu organisiert und neue Schwerpunkte geschaffen. Sie sind die Zukunft unserer Organisation.

Und sie sind nicht allein. Rund 250 Mitglieder haben alle SHARKPROJECT-Organisationen aktuell. Zu viele, um sie alle in diesem Buch mit Namen aufzuführen. Dazu kommen noch all die Menschen, die in schwierigen Situationen plötzlich auftauchten und einfach halfen. Im Laufe der Jahre waren das unzählige. Verzeiht mir, dass der Platz für Namensnennungen hier leider endlich ist. Eure Hilfe und eure Namen sind aber alle in meinem/unseren Herzen aufgeführt, das darf ich euch versichern.

Dazu gehören auch die Redaktionen von Tauchen, Unterwasser, Taucher.net, Aquanaut, Divemaster und allen anderen Publikationen der Taucherbranche. Sie alle sind in den letzten fünfzehn Jahren zu guten Freunden in unserem Kampf für die Haie geworden.

Nicht zu vergessen auch unsere Unterstützer bei den Unterwasser-Fotografen, z.B. Kurt Amsler, Andreas Serec, Paul Munzinger, Klaus Peter Harter, Franz Hajek und viele mehr. Ohne ihre großzügige Unterstützung mit Foto- und Filmmaterial wären unsere Kultkalender ebenso wenig möglich wie unsere Vorträge, Bücher und Publikationen. Danke dafür.

In diesem Zusammenhang darf ich auf keinen Fall unsere Sponsoren vergessen, wie z.B. Eddy Lapp oder Erwin Reisch, auf die wir uns immer verlassen konnten. Wenn wir irgendwo Unterstützung brauchten, bekamen wir sie auch.

Das Gleiche gilt auch für unsere Freunde aus der Tauchsportbranche.

Kleine und große Sponsoren sind das Salz in unserer Suppe. Wir freuen uns über jede Unterstützung.

Erwin Reisch und Eddy Lapp.

Danke an Harald Hordosch, Dusan Runjajic, Michael Hiller, Guido Wätzig, Ella und Robert Stoß, unsere Freunde von Manta Diving Madeira und natürlich an alle anderen Unterstützer aus der Taucherbranche. Die Aufzählung würde die Seitenzahl dieses Buches überschreiten.

Oha, ich bemerke gerade, dass ich ziemlich sentimental werde. Deshalb schnell weiter im Text.
Neben all den Menschen sind es aber auch die HAILIGHTS aus diesem Buch, die einen Teil meiner Motivation ausmachen. Diese ganz besonderen Erlebnisse überall auf der Welt mit Menschen und Haien, die man mit Geld nicht kaufen kann, die unvergesslich und einzigartig sind. Nur ein paar davon passten in dieses Buch. Viele andere werden wohl nur in meinem Kopf überleben.
Aber da leben sie gut. Denn sie geben mir bis heute unendlich viel Kraft. Meine Enkel werden diese Geschichten sicher ebenfalls lieben, wenn ich irgendwann von früher erzähle.

Vielleicht habt ihr auch Lust auf mehr? Dann würde ich mich freuen, wenn wir uns auf einer meiner Buchlesungen treffen. Dabei werde ich auch einige der HAILIGHTS erzählen, für die hier kein Platz mehr war oder die aus diversen Gründen das gedruckte Wort scheuen. :-)
Würde mich sehr freuen, den einen oder die andere von euch dort zu treffen und ein Glas auf die alten und neuen Zeiten zu trinken.

Dein/Euer
Gerhard Wegner

AUS DEM ARCHIV...

Nicht chronologisch und ohne Anspruch auf Vollständigkeit,
aber dafür Bild für Bild ein kleines Hailight.
Viel Spaß beim Erinnern und Wiedererkennen.

GLEICH ERLEBEN SIE
EINES DER
GEFÄHRLICHSTEN
RAUBTIERE DER WELT.
MS-HAITANIC
SHARKPROJECT

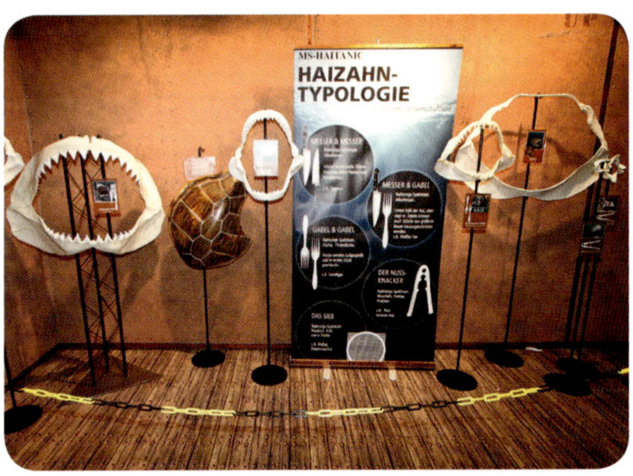
MS-HAITANIC
HAIZAHN-
TYPOLOGIE

SHARKPROJECT

3
B
28
PROJECT

10m
UMWELTMARKT

Wir kämpfen für Haie!
3
B
30

MORITURI

Gerhard

boot
Düsseldorf

Urkunde

COMMERZBANK

DIE ANDERE SEITE

HAINOON am Köln Rhein
SHARK PROJECT EVENT

SHARK

Neu bei

ARNOLD

D E R
WERBUNG

HEPCA
NOT 4 SALE

emos
seareq

Denise und Alex Smolinsky engagieren sich seit 2006 für Sharkproject Switzerland. Denise ist bis heute im Vorstand von Sharkproject Switzerland. Alex ist seit 2014 im Vorstand von Sharkproject International und tritt zum 1.Januar 2018 die Nachfolge von Gerhard Wegner an.

NACHWORT

Wer liest schon Bücher am Strand. Wir tun es nicht. Ebenso wenig bräunen wir unsere Körper. Kein Wunder war es uns im Oktober 1999 – das erste Mal auf einer kleinen Malediven Insel – nach wenigen Tagen langweilig. Abhilfe bot eine kleine Tauchschule, bei welcher unsere Taucherkarriere sodann begann. Nach vier intensiven Tagen mit Lernen und Tauchen in wenigen Metern Tiefe ging es raus ins Meer. Und schon war er da, unser erster Hai!

Einige Jahre und viele Taucherlebnisse später besuchten wir 2006 an der Universität Zürich einen Vortrag über Haie. Der Referent Gerhard Wegner erläuterte in einem spannenden Referat die besorgniserregende Situation der Haie in den Weltmeeren. Uns war sofort klar, Haie brauchen unsere Unterstützung. Die Organisation, welcher der Referent angehörte, nannte sich Sharkproject, sei in Deutschland aktiv und wolle in weiteren Ländern Fuss fassen. Euphorisch präsentierte uns Gerhard Wegner gegen Ende des Abends seine Pläne, Haie weltweit zu schützen. Wenige Wochen darauf trafen sich die ersten Zuhörer und formierten sich zu einer Sharkproject Gruppe in der Schweiz; 2008 dann die Gründung von Sharkproject Switzerland als Verein.

Danke Gerhard, dass Du diese fabelhafte Organisation ins Leben gerufen hast. Danke auch, dass Du und der internationale Vorstand mir das Vertrauen schenken, Deine Nachfolge anzutreten. Wir werden die Haie retten!

Alex Smolinsky
Präsident
SHARKRPOJECT International e.V.

BILDNACHWEIS

S.6 Sharkproject Archiv • S.7 Nagy Helmy • S.8 Gerhard Wegner • S.10 Christine Gstöttner • S.14 Christine Gstöttner • S.15 Andy Cobb • S.16 Andreas Serec • S.17 Andreas Serec • S.19 Andreas Serec • S.20 Gerhard Wegner • S.22 Andreas Serec, Gerhard Wegner • S.24 Gerhard Wegner • S.25 Gerhard Wegner • S.28 Gerhard Wegner • S.30 Gerhard Wegner • S.32 Gerhard Wegner, Gerhard Wegner, Gerhard Wegner • S.34 Gerhard Wegner • S.36 Andreas Serec • S.37 Gerhard Wegner • S.38 Gerhard Wegner • S.40 Christine Gstöttner, Christine Gstöttner, Christine Gstöttner • S.41 Gerhard Wegner • S.42 Christine Staacks, Christine Staacks • S.43 Gerhard Wegner, Gerhard Wegner, Gerhard Wegner, Gerhard Wegner • S.44 Gerhard, Wegner • S.46 Klaus Jost • S.48 Christine Staacks, Gerhard Wegner, Rainer Heftrich • S.49 Christine Staacks • S.50 Gerhard Wegner • S.52 Gerhard Wegner • S.59 Gerhard Wegner, Gerhard Wegner, Gerhard Wegner • S.61 Gerhard Wegner • S.62 Gerhard Wegner • S.63 Gerhard Wegner • S.64 Christine Gstöttner • S.66 Gerhard Wegner • S.67 Christine Gstöttner • S.68 Andreas Serec • S.69 Holger Giese • S.70 Gerhard Wegner • S.71 Maritta Staacks • S.72 Christine Gstöttner • S.74 Ralf Kiefner • S.79 Wegner & Partner, Christine Staacks, Christine Staacks, Christine Staacks, Christine Staacks, Christine Staacks • S.80 Gerhard Wegner • S.82 Gerhard Wegner • S.84 Gerhard Wegner • S.85 Gerhard Wegner • S.88 Gerhard Wegner • S.89 Gerhard Wegner • S.91 Wolfram Koch • S.92 Gerhard Wegner • S.94 Gerhard Wegner • S. 95 Gerhard Wegner • S. 96 Gerhard Wegner • S.99 Gerhard Wegner • S.100 Gerhard Wegner • S.103 Gerhard Wegner • S.104 Christine Gstöttner • S.106 Familienbilder Archiv Gerhard Wegner • S.107 Familienbilder Archiv Gerhard Wegner • S.108 Hans Hass Archiv HIST • S.109 Andreas Serec • S.110 Christine Gstöttner • S.111 Gerhard Wegner, Hans Hass Archiv HIST • S.112 Tom Herzog• S.113 Tom Herzog • S.114 Christine Gstöttner • S.116 Gerhard Wegner • S.117 Franz Hajek • S.118 Gerhard Wegner • S.119 Gerhard Wegner, Archiv PRETOMA • S.120 Gerhard Wegner, Michel Wegner • S.121 Gerhard Wegner • S.122 Archiv PRETOMA • S.123 Archiv Sharkproject • S.125 Archiv PRETOMA • S.126 Gerhard Wegner • S.129 Gerhard Wegner • S.130 Franz Hajek • S.132 Archiv Sharkproject • S.133 Archiv Sharkproject • S.137 Archiv PRETOMA • S.139 Archiv PRETOMA • S.140 Archiv PRETOMA • S.142 Archiv PRETOMA • S.144 Archiv Sharkproject • S.146 Gerhard Wegner • S.148 Rainer Heftrich • S.149 Christine Staacks • S.150 Christine Staacks • S.151 Christine Staacks, Christine Staacks • S.152 Ryan Johnson/ Andreas Serec • S.154 Ryan Johnson/Andreas Serec • S.156 Gerhard Wegner, Gerhard Wegner • S.158 André Hartman • S.159 Carsten Standfuß• S.160 Archiv Sharkproject • S.161 Archiv Sharkproject • S.163 Arnold Maschinenbau, Ryan Johnson/Andreas Serec • S.164 Ryan Johnson/Andreas Serec • S.166 Peter Arnold • S.167 Gerhard Wegner • S.169 Gregor Wolf, Peter Arnold • S.171 Peter Arnold • S.172 André Hartman • S.174 Gerhard Wegner • S.175 Gerhard Wegner, Gerhard Wegner • S.176 Peter Arnold • S.178 Andreas Serec • S.179 André Hartman, Gerhard Wegner • S.180 Kurt Amsler/Multipix • S.182 Holger Giese • S.184 Holger Giese • S.186 Christine Gstöttner • S.188 Archiv Sharkproject, Christine Gstöttner • S.189 Archiv Sharkproject • S.190 Christine Gstöttner • S.192 Christine Gstöttner • S.193 Gerhard Wegner • S.194 Christine Staacks • S.195 Christine Gstöttner • S.199 Archiv Sharkproject • S.200 Archiv Sharkproject • S. 201 Archiv Sharkproject • S.202 Christine Gstöttner • S.204 Y&R Frankfurt • S. 206 Y&R Frankfurt • S.207 • S.208 Das Werk/Berlin • S.209 Y&R Frankfurt, Y&R Frankfurt • S.210 Archiv Sharkproject • S.211 Wegner&Partner, Y&R Frankfurt • S.212 Christine Gstöttner

• S.214 Stefan von Stengel/TAUCHEN • S.216 Gerhard Wegner • S.221 Stefan von Stengel/TAUCHEN • S.222 Stefan von Stengel/TAUCHEN • S.223 Thomas Ricker • S. 224 Christine Gstöttner • S.226 Gerhard Wegner • S.227 Gerhard Wegner • S.228 - S.235 Gerhard Wegner • S. 236 Gerhard Wegner • S.238 Dr. Andreas Keppeler • S.239 Christine Gstöttner • S.241 Gerhard Wegner • S.242 Gerhard Wegner • S.243 Gerhard Wegner • S.244 Christine Gstöttner • S.246 Friederike Kremer-Obrock • S.247 Gerhard Wegner • S.251 Friederike Kremer-Obrock • S.252 Gerhard Wegner • S.254 Christine Staacks • S.257 Christine Gstöttner • S.260 Christine Gstöttner, Christine Gstöttner • S.261 Johanna Ricker • S.262 Denise Smolinsky, Andreas Serec, Andreas Serec, Andreas Serec, Christine Gstöttner • S.263 Andreas Serec, Archiv Sharkproject, Christine Gstöttner, Christine Staacks, Christine Gstöttner • S.264 alle Christine Gstöttner • S.265 Archiv Sharkproject, Archiv Sharkproject, Archiv Sharkproject, Christine Gstöttner, Christine Staacks, Christine Staacks, Archiv Sharkproject, Franz Hajek • S.266 Archiv Sharkproject, Christine Staacks, Christine Staacks, Archiv Sharkproject, Christine Staacks • S.267 Christine Gstöttner, Christine Gstöttner, Christine Gstöttner, Christine Gstöttner, Andreas Serec, Christine Gstöttner, Christine Gstöttner, Christine Gstöttner • S.268 Archiv Sharkproject, Christine Staacks, Armin Hoehner, Christine Staacks, Christine Staacks • S.269 Christine Staacks, Christine Staacks, Christine Staacks, Christine Staacks, Peter Arnold • S.270 Christian Kruppa, Friederike Kremer-Obrock, Archiv HEPCA, Gerhard Wegner, Christine Gstöttner • S.271 Friederike Kremer-Obrock, Archiv Sharkproject, Archiv Sharkproject Austria, Archiv Sharkproject, Armin Hoehner • S.272 Alex Smolinsky • S.275 Gerhard Wegner •

Bin dann mal weg!

So, jetzt wird es langsam Zeit zum Ende zu kommen.

Meinem Freund Alex Smolinsky, der meine Nachfolge als Präsident von SHARKPROJECT International e.V. antritt, wünsche ich viel Erfolg und ebenso viele Hailights mit Menschen und Haien, wie ich sie erleben durfte.